Mathematik

Auf einen Blick!

Funktionen

Bildnachweis
Umschlag (Farben-Reihe): © montiannoowong

Inhalt

Vorwort

Liebe Schülerinnen und Schüler,

dieses Heft bietet Ihnen einen **kompakten Überblick** über die in der Schule behandelten **Funktionsklassen** und dient als nützlicher Baustein bei der Vorbereitung auf Klausuren und die Abiturprüfung.

Das erste Kapitel listet alle mathematischen Begriffe auf, die üblicherweise in Aufgabenstellungen verwendet werden.

Im zweiten Kapitel ist jede Funktionsklasse im praktischen Doppelseitenformat dargestellt. **Auf einen Blick** erfassen Sie so alle Charakteristika des jeweiligen Funktionstyps oder verwenden die Doppelseite als Hilfestellung bei einer vorgegebenen Aufgabe.

Die jeweils linke Seite bietet

- eine Vorstellung des Funktionstyps, zu der auch ein exemplarischer Funktionsgraph gehört (**Auf einen Blick**).
- eine Aufstellung der **Grundeigenschaften** der jeweiligen Funktionsklasse, in der Definitions- und Wertebereich, Limeswerte und Asymptoten, Symmetrie und Nullstellen, Ableitung und Monotonie sowie Stamm- und Umkehrfunktion aufgeführt sind.

Die jeweils rechte Seite gliedert sich in

- eine Auflistung **spezieller Eigenschaften**,
- eine **Beispielaufgabe**, die sich mit für die Funktionsklasse typischen Aufgabenstellungen befasst und ausführlich gelöst wird,
- eine Zusammenstellung von Punkten, die bei der Lösung von Aufgaben beachtet werden sollten, um typischen Fehlern vorzubeugen (**Worauf Sie achten sollten ...**).

Eine **Formelsammlung** rundet die vielfältigen Einsatzmöglichkeiten dieses Hefts ab.

Viel Erfolg bei der Arbeit mit diesem Heft!

Sybille Reimann

Sybille Reimann

Allgemeine Eigenschaften

Was ist eine Funktion?

Eine Funktion ist wie eine kleine Maschine, die bei Eingabe eines Zahlenwerts **x** mit diesem die Rechenoperation **f** ausführt und die somit berechnete Zahl **f(x)** ausgibt.

Die **Funktionsvorschrift f** muss so gewählt sein, dass jedem x genau ein **Funktionswert f(x)** zugeordnet wird. Ein Funktionswert f(x) kann jedoch von mehreren x-Werten angenommen werden.

Die Menge aller x-Werte, die in die Funktionsvorschrift f eingesetzt werden dürfen, nennt man die **Definitionsmenge $\mathbb{D}_f$**. Die Menge aller sich daraus ergebenden Funktionswerte heißt **Wertemenge W_f**.

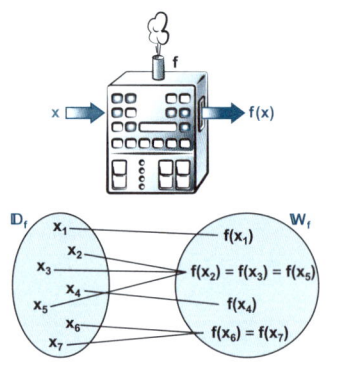

Mögliche Schreibweisen:
f: $x \rightarrow 3x^2 - 2x + 1$
$f(x) = 3x^2 - 2x + 1$
$y = 3x^2 - 2x + 1$

Grafische Darstellung:
Jede Funktion lässt sich in einem zweidimensionalen Koordinatensystem veranschaulichen. Dazu werden Punkte mit den Koordinaten (x | f(x)) eingetragen. f(x) ist somit die y-Koordinate der Punkte.

Besteht die **Definitionsmenge** nur **aus einzelnen x-Werten**, z. B. $\mathbb{D} = \{-3; -2; -1; 0; 1; 2; 3; 4\}$, so ergeben sich im Koordinatensystem nur einzelne Punkte.

Umfasst die **Definitionsmenge ein Intervall**, z. B. $\mathbb{D} = [-3; 4]$, so sind die berechneten Funktionswerte nur eine beliebige Auswahl und die sich ergebenden Punkte können zu einem durchgehenden Funktionsgraphen verbunden werden.

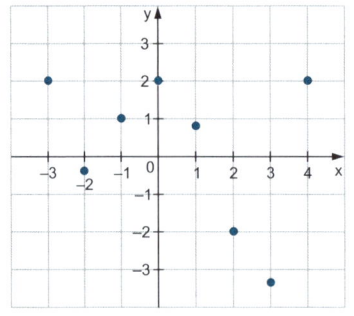

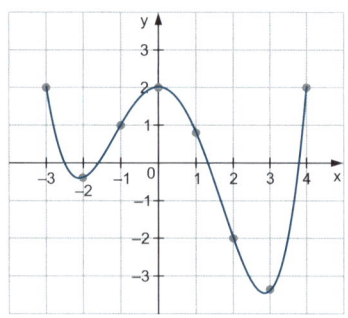

Nullstellen, Symmetrie

Nullstellen

x-Werte, an denen der Graph die x-Achse $(y = 0)$ schneidet, heißen **Nullstellen**.

Man erhält sie, indem man den Funktionsterm gleich null setzt, also $f(x) = 0$, und diese Gleichung nach x auflöst.

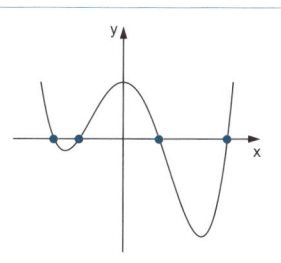

Ist ein x-Wert eine mehrfache Lösung der Gleichung $f(x) = 0$, so handelt es sich um eine **mehrfache Nullstelle**.

An einer einfachen, dreifachen, fünffachen, … Nullstelle wechseln die Funktionswerte das Vorzeichen, d. h., der Funktionsgraph **schneidet die x-Achse**.

An einer doppelten, vierfachen, sechsfachen, … Nullstelle behalten die Funktionswerte ihr Vorzeichen bei, d. h., der Funktionsgraph **berührt die x-Achse**.

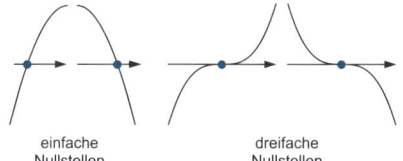

| einfache Nullstellen | dreifache Nullstellen |

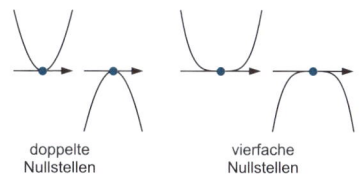

| doppelte Nullstellen | vierfache Nullstellen |

Symmetrie

Der Graph einer Funktion kann folgende Symmetrien aufweisen:

Achsensymmetrie zur y-Achse

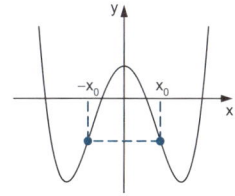

Punktsymmetrie zum Ursprung

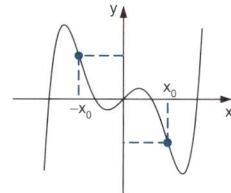

Um eine mögliche Symmetrie zu erkennen, bildet man $f(-x)$ und vergleicht den Term mit $f(x)$:

$f(-x) = f(x)$
⇔ **Achsensymmetrie zur y-Achse**

$f(-x) = -f(x)$
⇔ **Punktsymmetrie zum Ursprung**

Bei ganzrationalen Funktionen $f(x)$ gilt:
$f(x)$ hat nur geradzahlige Potenzen von x ⇔ Graph achsensymmetrisch zur y-Achse
$f(x)$ hat nur ungeradzahlige Potenzen von x ⇔ Graph punktsymmetrisch zum Ursprung

Verschiebung

Eine **additive Konstante** im Funktionsterm sorgt für eine **Verschiebung** des Graphen.

Der Graph der Funktion **g(x) = f(x) + c**
entsteht aus dem Graphen von f(x) durch
Verschiebung um c in y-Richtung:

c > 0 ⇒ **nach oben**

c < 0 ⇒ **nach unten**

Der Graph der Funktion **h(x) = f(x + b)**
entsteht aus dem Graphen von f(x) durch
Verschiebung um −b in x-Richtung:

b > 0 ⇒ **nach links**

b < 0 ⇒ **nach rechts**

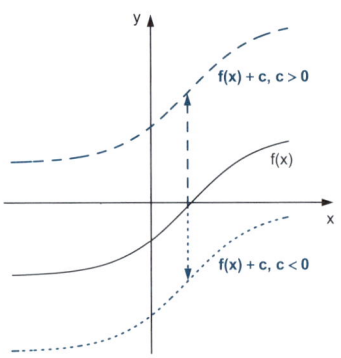
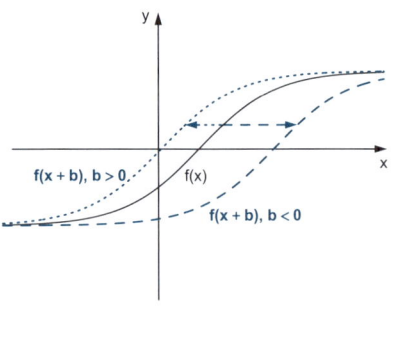

Verschiebungen in y-Richtung sind leicht zu erkennen, Verschiebungen in x-Richtung
schwieriger. Hier empfiehlt es sich, die Nullstellen (und ggf. die Extrempunkte) zu betrachten.

Spiegelung

Ein **Minuszeichen** im Funktionsterm sorgt für eine **Spiegelung** des Graphen.

Der Graph der Funktion **i(x) = −f(x)** entsteht
aus dem Graphen von f(x) durch **Spiegelung
an der x-Achse**.

Der Graph der Funktion **j(x) = f(−x)** entsteht
aus dem Graphen von f(x) durch **Spiegelung an der y-Achse**.

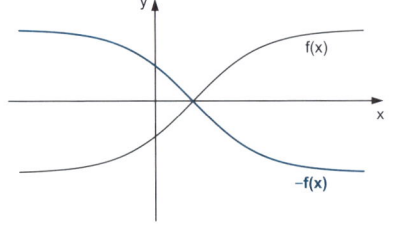
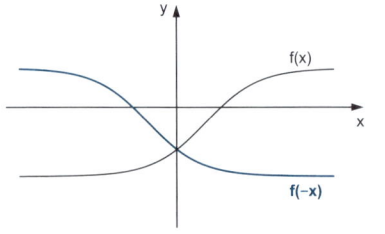

- Ist der Graph einer Funktion achsensymmetrisch zur y-Achse, so verändert ihn eine
  Spiegelung an der y-Achse nicht. [▶ S. 3, *Symmetrie*]
- Ist der Graph einer Funktion punktsymmetrisch zum Ursprung, so bleibt der Graph
  unverändert, wenn man ihn nacheinander sowohl an der x-Achse als auch an der y-Achse
  spiegelt. [▶ S. 3, *Symmetrie*]

Veränderungen des Funktionsgraphen

Dehnung / Stauchung

Eine **multiplikative Konstante** im Funktionsterm sorgt für eine **Dehnung** bzw. **Stauchung** des Graphen.

Der Graph der Funktion **m(x) = a · f(x)** entsteht aus dem Graphen von f(x) durch **Dehnung (falls a > 1)** oder **Stauchung (falls 0 < a < 1)** mit dem Faktor a **in y-Richtung**.

Der Graph der Funktion **n(x) = f(a · x)** entsteht aus dem Graphen von f(x) durch **Dehnung (falls 0 < a < 1)** oder **Stauchung (falls a > 1)** mit dem Faktor a **in x-Richtung**.

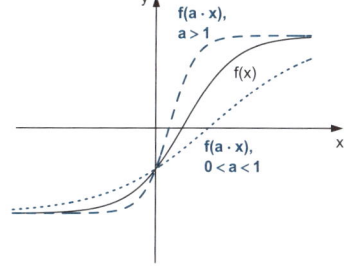

Hier wird nur der Fall a > 0 betrachtet. Ist a negativ, so sorgt das Minuszeichen für eine zusätzliche Spiegelung. [▶ S. 4, *Spiegelung*]

Mehrfache Veränderungen

Der Graph einer Funktion kann sich durch eine **Kombination** von Verschiebung, Spiegelung und Dehnung bzw. Stauchung aus dem Graphen einer Grundfunktion ergeben.

Beispiel:
Wird die Grundfunktion $f(x) = x^2$ betrachtet, so ergibt sich der Graph der Funktion
$k(x) = -0,5 \cdot f(x+3) + 4 = -0,5 \cdot (x+3)^2 + 4$
aus dem Graphen der Funktion f(x) durch:

(1) Spiegelung an der x-Achse

(2) Stauchung mit dem Faktor 0,5 in y-Richtung

(3) Verschiebung um −3 in x-Richtung (nach links)

(4) Verschiebung um +4 in y-Richtung (nach oben)

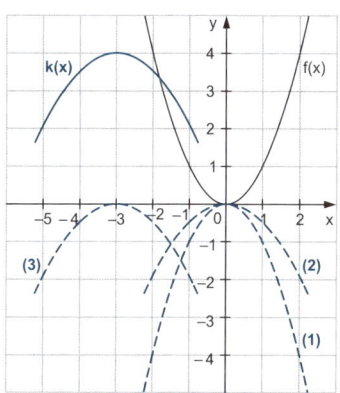

Verhalten im Unendlichen

Wohin die Funktionswerte – und damit der Graph – für **sehr große bzw. sehr kleine x-Werte** streben, ergibt sich aus den **Limeswerten**:

$$\lim_{x \to +\infty} f(x) \quad \text{bzw.} \quad \lim_{x \to -\infty} f(x)$$

Sie bestimmen das **Verhalten der Funktion für x → ±∞**. Nehmen sie reelle Werte an, werden sie **Grenzwerte** genannt.

Mögliche Fälle:

Für **x → +∞** ergibt sich der **Limeswert +∞**
⇒ Der Funktionsgraph strebt in die rechte obere Ecke des **I. Quadranten**.

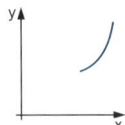

Für **x → +∞** ergibt sich der **Limeswert −∞**
⇒ Der Funktionsgraph strebt in die rechte untere Ecke des **IV. Quadranten**.

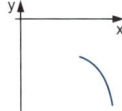

Für **x → −∞** ergibt sich der **Limeswert +∞**
⇒ Der Funktionsgraph strebt in die linke obere Ecke des **II. Quadranten**.

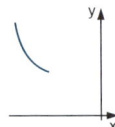

Für **x → −∞** ergibt sich der **Limeswert −∞**
⇒ Der Funktionsgraph strebt in die linke untere Ecke des **III. Quadranten**.

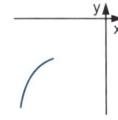

Ergibt sich für **x → +∞ und/oder x → −∞** als Limeswert eine reelle **Konstante a** (Grenzwert), so ist die Gerade y = a eine **waagrechte Asymptote**.

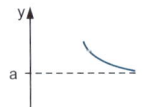 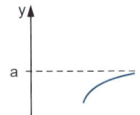 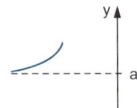 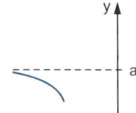

Hinweis:
Um die Limeswerte bilden zu können, braucht man einige Grundkenntnisse:

$$\lim_{x \to +\infty} x^n = +\infty \qquad n \in \mathbb{N}$$

$$\lim_{x \to -\infty} x^n = \begin{matrix} +\infty \\ -\infty \end{matrix} \qquad \begin{matrix} n \in \mathbb{N}, n \text{ gerade} \\ n \in \mathbb{N}, n \text{ ungerade} \end{matrix}$$

$$\lim_{x \to +\infty} \frac{a}{x} = \text{„} \frac{a}{+\infty} \text{“} = 0^+ \quad a \in \mathbb{R}^+$$

$$\lim_{x \to -\infty} \frac{a}{x} = \text{„} \frac{a}{-\infty} \text{“} = 0^- \quad a \in \mathbb{R}^+$$

Schreibweise
Das hochgestellte + bzw. − bei der Null bedeutet, dass sich der Graph der Funktion von oben bzw. von unten an die x-Achse annähert.

Verhalten an Intervallgrenzen und Definitionslücken

Wohin der Funktionswert – und damit der Graph – für einen **bestimmten x-Wert x_0** (**außerhalb des Definitionsbereichs**) strebt, ergibt sich aus folgendem **Limeswert**:

$$\lim_{x \to x_0} f(x)$$

Er bestimmt das **Verhalten der Funktion für $x \to x_0$**. Nimmt er einen reellen Wert an, so wird er **Grenzwert** genannt.

Wann wird das Grenzverhalten $x \to x_0$ einer Funktion untersucht?

Der Definitionsbereich ist auf ein Intervall beschränkt: $\mathbb{D} = \,]a;b[$	Der Definitionsbereich besitzt eine Lücke bei $x = c$: $\mathbb{D} = \mathbb{R} \setminus \{c\}$
Das Verhalten der Funktion an den **Intervallgrenzen** ergibt sich mit:	Das Verhalten der Funktion an der **Definitionslücke** ergibt sich mit:

$$\lim_{x \to a^+} f(x) = \lim_{x \to >a} f(x) \text{ und}$$
$$\lim_{x \to b^-} f(x) = \lim_{x \to <b} f(x)$$

$$\lim_{x \to c^+} f(x) = \lim_{x \to >c} f(x) \text{ und}$$
$$\lim_{x \to c^-} f(x) = \lim_{x \to <c} f(x)$$

Mögliche Fälle:

$$\lim_{x \to a^+} f(x) = A \text{ bzw. } \lim_{x \to b^-} f(x) = B$$

⇒ Funktion strebt an den Grenzen von $\mathbb{D}$ gegen $(a\,|\,A)$ bzw. $(b\,|\,B)$.

$$\lim_{x \to c^-} f(x) = \lim_{x \to c^+} f(x) = C$$

⇒ Funktion hat eine **(be)hebbare Lücke** bei c.

$$\lim_{x \to c^-} f(x) = D \text{ und } \lim_{x \to c^+} f(x) = E$$

⇒ Funktion besitzt einen **Sprung** bei c.

$$\lim_{x \to a^+} f(x) = -\infty \text{ oder } \lim_{x \to a^+} f(x) = +\infty$$
$$\lim_{x \to b^-} f(x) = -\infty \text{ oder } \lim_{x \to b^-} f(x) = +\infty$$

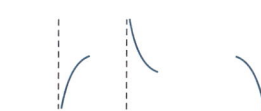

⇒ Geraden $x = a$ und $x = b$ sind **senkrechte Asymptoten**.

$$\lim_{x \to c^-} f(x) = -\infty \text{ oder } \lim_{x \to c^-} f(x) = +\infty$$
$$\lim_{x \to c^+} f(x) = -\infty \text{ oder } \lim_{x \to c^+} f(x) = +\infty$$

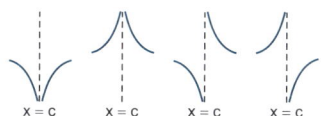

⇒ Gerade $x = c$ ist eine **senkrechte Asymptote**, der Wert $x = c$ ist eine **Polstelle mit** bzw. **ohne Vorzeichenwechsel (mVW bzw. oVW)**.

Steigung und Änderungsrate

Die **Steigung einer Funktion** $f(x)$ an der Stelle x_0 entspricht der **Steigung der Tangente** an den Graphen von f durch den Punkt $(x_0 \,|\, f(x_0))$.

In Anwendungen beschreibt die Steigung die **Änderungsrate** der durch die Funktion $f(x)$ beschriebenen Größe.

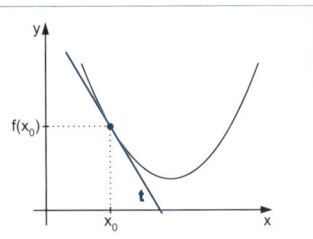

Die **mittlere Änderungsrate** zwischen zwei Punkten $P(x_0 \,|\, f(x_0))$ und $Q(x_1 \,|\, f(x_1))$ einer Funktion ist festgelegt durch die **Steigung der Sekante s**, welche durch die beiden Punkte läuft. Für diese Steigung ergibt sich

$$m_{PQ} = m_s = \frac{f(x_1) - f(x_0)}{x_1 - x_0},$$

der sogenannte **Differenzenquotient**.

Anwendungsbeispiel:
Bezeichnet x die Zeit in Minuten seit Beobachtungsbeginn und y die Anzahl von Keimen im Wasser, so gibt die mittlere Änderungsrate an, um welche Anzahl $(f(x_1) - f(x_0))$ sich die Keime im betrachteten **Zeitraum** $(x_1 - x_0)$ vermehren (bei $m_s > 0$) bzw. verringern (bei $m_s < 0$).

$$m_s = \frac{560\,\text{Keime} - 210\,\text{Keime}}{10\,\text{min} - 3\,\text{min}} = +50\,\frac{\text{Keime}}{\text{min}}$$

Im Zeitraum zwischen 3 und 10 Minuten nach Beobachtungsbeginn werden es somit **im Durchschnitt** pro Minute 50 Keime mehr.

Wandert der Punkt Q immer weiter an den Punkt P heran, bis er ihn grenzwertig erreicht, so ergibt sich aus der Sekante s die **Tangente t** an den Graphen der Funktion f im Punkt P und somit die **momentane Änderungsrate** im Punkt P.
Für die Tangentensteigung (und damit für die momentane Änderungsrate) erhält man:

$$m_t = \lim_{x_1 \to x_0} \frac{f(x_1) - f(x_0)}{x_1 - x_0}$$

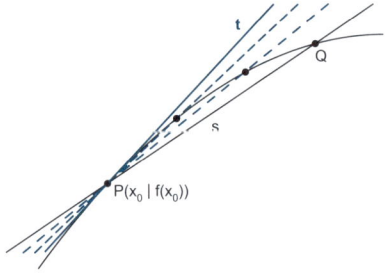

Dieser Grenzwert heißt **Differenzialquotient** und entspricht der **1. Ableitung an der Stelle** x_0.

Anwendungsbeispiel (s. o.):
Die momentane Änderungsrate gibt an, um wie viel die Anzahl der Keime zum **Zeitpunkt** x_0 anwächst oder schrumpft.

$$m_t = +90\,\frac{\text{Keime}}{\text{min}}$$

Im Zeitpunkt x_0 nimmt die Anzahl der Keime pro Minute um 90 zu.

Monotonie

Die **1. Ableitung f'(x)** der Funktion f(x) gibt für jedes x an, welchen Wert die **Steigung der Tangente** an den Funktionsgraphen im Punkt (x | f(x)) besitzt.

Das **Vorzeichen von f'(x)** gibt somit Auskunft über das **Monotonieverhalten** des Graphen einer Funktion. In einem Intervall $I =]x_1; x_2[$ gilt:

f'(x) in I **positiv**:	f'(x) in I **negativ**:	f'(x) $\geq$ 0 für x $\in$ I bzw.
f'(x) > 0 für x $\in$ I	f'(x) < 0 für x $\in$ I	f'(x) $\leq$ 0 für x $\in$ I
$\Rightarrow$ Graph von f **steigt** in I	$\Rightarrow$ Graph von f **fällt** in I	$\Rightarrow$ Graph von f **steigt/fällt** in I
streng monoton	**streng** monoton	**monoton**

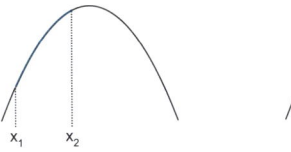 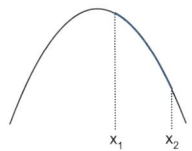 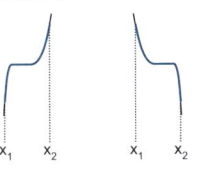

Es gibt auch Funktionen, wie z. B. f(x) = e^x oder f(x) = ln x, die im gesamten Definitionsbereich streng monoton sind.

Umkehrfunktion

Ist eine Funktion f(x) in ihrem Definitionsbereich (oder zumindest in dem Teilintervall I) **streng monoton**, so ist die Funktion f(x) mit $D_f = I$ **umkehrbar**. Die Umkehrfunktion wird mit **f⁻¹(x)** bezeichnet.

Term der Umkehrfunktion:
Die Umkehrfunktion **f⁻¹(x)** ergibt sich durch **Vertauschen der x- und y-Werte**.

$\Rightarrow$ Vertauschung von Definitions- und Wertebereich:
$$\mathbb{D}_{f^{-1}} = \mathbb{W}_f \qquad \mathbb{W}_{f^{-1}} = \mathbb{D}_f$$

$\Rightarrow$ **Senkrechte Asymptoten** (x = a) werden zu **waagrechten Asymptoten** (y = a) und umgekehrt.

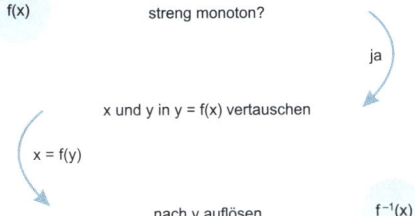

Graph der Umkehrfunktion:
Den **Graphen von f⁻¹(x)** erhält man durch **Spiegelung** des Graphen von f(x) an der Geraden y = x (**Winkelhalbierende** des I. und III. Quadranten).

$\Rightarrow$ Gehört der Punkt (x | y) zum Graphen der Funktion f(x), so gehört der Punkt (y | x) zum Graphen der Umkehrfunktion f⁻¹(x).

$\Rightarrow$ Die Graphen von Funktion und Umkehrfunktion können sich nur auf der Spiegelachse y = x schneiden.

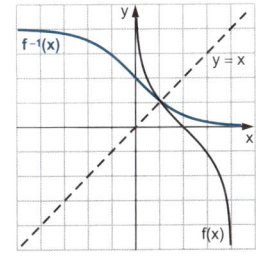

Extrempunkte

Die Funktion $f(x)$ nimmt an der Stelle x_0 einen **Extremwert** an, wenn für x_0 eine waagrechte Tangente vorhanden ist, wenn also $f'(x_0) = 0$ gilt, und sich das Monotonieverhalten ändert. Der Punkt $(x_0 \mid f(x_0))$ heißt dann **Extrempunkt**.

Ein (lokales) **Maximum (Hochpunkt)** ergibt sich beim Wechsel von steigend nach fallend:

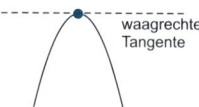

waagrechte Tangente

Ein (lokales) **Minimum (Tiefpunkt)** ergibt sich beim Wechsel von fallend nach steigend:

waagrechte Tangente

Eine Stelle, an der sich zwar eine waagrechte Tangente befindet, das Monotonieverhalten sich jedoch nicht ändert, nennt man **Terrassenpunkt**.

waagrechte Tangente

Um einen **Extremwert** zu **finden**, bildet man die 1. Ableitung und löst die Gleichung $f'(x) = 0$. Um die **Art des Extremwerts** zu **bestimmen**, kann man eine **Monotonietabelle** anfertigen.

Der **Wechsel der Monotonie** zeigt an, ob ein Tiefpunkt, ein Hochpunkt oder ein Terrassenpunkt vorliegt.

Ein Hochpunkt (bzw. Tiefpunkt) kann ein **lokales (relatives)** Maximum (bzw. Minimum) oder ein **absolutes** Maximum (bzw. Minimum) sein. Dies hängt davon ab, ob an anderen Stellen noch größere (bzw. kleinere) y-Werte von der Funktion angenommen werden.

Kennt man die y-Werte der Extrempunkte und das Verhalten der Funktion an den Definitionsgrenzen, so lässt sich daraus die Wertemenge der Funktion ablesen.

Beispiel:
Eine Funktion f besitzt den Definitionsbereich $[a; +\infty[$ und die Gleichung $f'(x) = 0$ mit den Lösungen x_1, x_2 und x_3, wobei $a < x_1 < x_2 < x_3$. Somit ergibt sich die folgende Monotonietabelle:

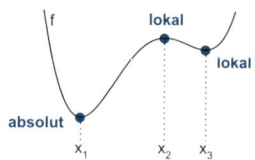

	$a < x < x_1$	$x_1 < x < x_2$	$x_2 < x < x_3$	$x_3 < x < +\infty$
$f'(x)$	$-$	$+$	$-$	$+$
$f(x)$	fällt	steigt	fällt	steigt
	Tiefpunkt	Hochpunkt	Tiefpunkt	

Krümmung

Das **Vorzeichen der 2. Ableitung f''(x)** bestimmt das **Krümmungsverhalten** der Funktion.

$f''(x) > 0$ für $x \in I$

$\Rightarrow$ Graph von f(x) ist in I **linksgekrümmt.**

$f''(x) < 0$ für $x \in I$

$\Rightarrow$ Graph von f(x) ist in I **rechtsgekrümmt.**

links   rechts

Veranschaulichung:
Stellt man sich einen Fahrradfahrer vor, der den Verlauf des Funktionsgraphen von $-\infty$ nach $+\infty$ durchfährt, so sind die Bereiche, in denen der Lenker nach links bzw. rechts eingeschlagen ist, links- bzw. rechtsgekrümmt.

Um die **Art eines Extrempunkts** zu **bestimmen** [▶ S. 10, *Extrempunkte*], kann auch die Krümmung genutzt werden. Dies empfiehlt sich insbesondere dann, wenn auch nach dem Krümmungsverhalten bzw. nach Wendepunkten gefragt ist.

Waagrechte Tangente in einer
Linkskrümmung:
$f'(x_0) = 0$ und $f''(x_0) > 0$ charakterisiert ein **Minimum.**

Waagrechte Tangente in einer
Rechtskrümmung:
$f'(x_0) = 0$ und $f''(x_0) < 0$ charakterisiert ein **Maximum.**

Wendepunkte

Punkte, in denen die Krümmung null ist und sich das Krümmungsverhalten ändert, nennt man **Wendepunkte**:

$f''(x) = 0$ und $f'''(x) \neq 0$

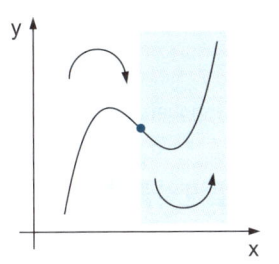

Veranschaulichung:
Ein Fahrradfahrer, der den Verlauf des Funktionsgraphen von $-\infty$ nach $+\infty$ durchfährt, muss im Wendepunkt den Lenker gerade stellen.

Punkte, die zugleich eine waagrechte Tangente besitzen und Wendepunkte sind, nennt man Terrassenpunkte. [▶ S. 10, *Extrempunkte*]

Stammfunktion

Eine Funktion $F(x)$ heißt **Stammfunktion** von $f(x)$, wenn gilt:

$F'(x) = f(x)$

Da die Ableitung einer Konstanten stets 0 ergibt, lässt sich eine Stammfunktion nur bis auf eine additive Konstante C bestimmen.

Bei der Suche nach einer Stammfunktion denkt man „das Ableiten in die andere Richtung" (Integration). Welche Funktion $F(x)$ muss abgeleitet werden, damit sich die Funktion $f(x)$ ergibt?

Unbestimmtes Integral

Die Menge aller Stammfunktionen der Funktion $f(x)$ nennt man **unbestimmtes Integral**. Man schreibt

$$\int f(x)\,dx = F(x) + C,$$

wobei $F(x)$ eine beliebige Stammfunktion von $f(x)$ ist.

Beispiel:
Zur Funktion $f(x) = 4x^3 - 6x^2 + 8x - 3$ sind mögliche Stammfunktionen:

$F_1(x) = x^4 - 2x^3 + 4x^2 - 3x$

$F_2(x) = x^4 - 2x^3 + 4x^2 - 3x + 10$

$F_3(x) = x^4 - 2x^3 + 4x^2 - 3x - 5$

Das unbestimmte Integral ist:

$$\int (4x^3 - 6x^2 + 8x - 3)\,dx = x^4 - 2x^3 + 4x^2 - 3x + C$$

Die Graphen der verschiedenen Stammfunktionen einer Funktion sind zueinander in y-Richtung verschoben. [▶ S. 4, *Verschiebung*]

Integralfunktion

Besitzt das Integral eine feste untere und eine variable obere Grenze, so entsteht eine **Integralfunktion**

$$I(x) = \int_a^x f(t)\,dt = F(x) - F(a),$$

Wenn x die obere Grenze (und somit die Variable der Integralfunktion) ist, wird der Name der Variablen im Argument von f üblicherweise in t geändert.

wobei $F(x)$ eine beliebige Stammfunktion von $f(x)$ ist.

Da $F(a)$ ein fester Wert ist, gilt: $I'(x) = F'(x) = f(x)$

⇒ Jede Integralfunktion ist also auch Stammfunktion (gilt nicht umgekehrt!).

Weitere Eigenschaften der Integralfunktion sind auf ▶ S. 15 zusammengefasst.

Bestimmtes Integral

Besitzt das Integral eine feste untere und eine feste obere Grenze, so ergibt das **bestimmte Integral** einen festen Wert

$$\int_a^b f(x)\,dx = F(b) - F(a),$$

wobei F(x) eine beliebige Stammfunktion von f(x) ist.

Der Wert eines bestimmten Integrals lässt sich als **Flächenbilanz** veranschaulichen.
Schließt der Funktionsgraph mit der x-Achse im Intervall [a; b] mit a < b sowohl Flächen oberhalb als auch unterhalb der x-Achse ein, so gehen die Flächen **oberhalb der x-Achse positiv, unterhalb der x-Achse negativ** in die Flächenbilanz ein.
Ergibt der Wert des bestimmten Integrals einen positiven Wert, so sind die Flächen oberhalb der x-Achse größer, ist der Wert negativ, so liegt mehr Fläche unterhalb der x-Achse.
Sind die Flächen oberhalb und unterhalb der x-Achse **gleich groß**, so hat das bestimmte Integral den **Wert 0**.

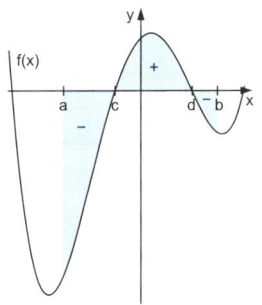

Flächenberechnung

Für die **Fläche**, die eine Funktion f mit der x-Achse für x ∈ [a; b] einschließt, gilt:

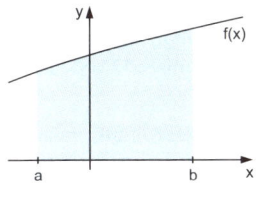

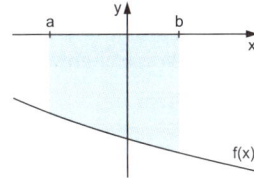

$$A = \int_a^b f(x)\,dx = F(b) - F(a)$$

$$A = \left| \int_a^b f(x)\,dx \right| = |F(b) - F(a)|$$

Achtung:
Das **bestimmte Integral** $\int_a^b f(x)\,dx$ in obigem Beispiel [▶ *Bestimmtes Integral*] könnte zerlegt werden in:

$$\int_a^c f(x)\,dx + \int_c^d f(x)\,dx + \int_d^b f(x)\,dx$$

Für die **Fläche**, die f mit der x-Achse einschließt, gilt allerdings:

$$A = \left| \int_a^c f(x)\,dx \right| + \left| \int_c^d f(x)\,dx \right| + \left| \int_d^b f(x)\,dx \right|$$

F'(x) = f(x)

F'(x) = 0 ⇔ f(x) = 0
Der Graph der Stammfunktion **F(x)** hat dort **waagrechte Tangenten**, wo sich die **Nullstellen** der Grundfunktion **f(x)** befinden.

F'(x) > 0 ⇔ f(x) > 0
Der Graph der Stammfunktion **F(x) steigt** im Intervall]a; b[, wenn in]a; b[**f(x) > 0** gilt, der Graph von f(x) also **oberhalb der x-Achse** verläuft.

F'(x) < 0 ⇔ f(x) < 0
Der Graph der Stammfunktion **F(x) fällt** im Intervall]c; d[, wenn in]c; d[**f(x) < 0** gilt, der Graph von f(x) also **unterhalb der x-Achse** verläuft.

Beispiel:
F(x) ist **eine** Stammfunktion der Funktion f(x) (weitere entstehen durch Verschiebung in y-Richtung). Man kann ablesen:

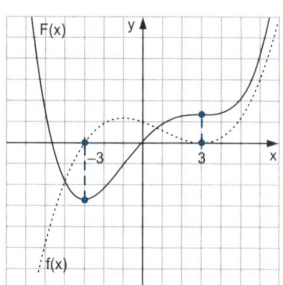

	f(x)	F(x)
x < −3	negativ	monoton fallend
−3 < x < 3	positiv	monoton steigend
x > 3	positiv	monoton steigend
x = −3	Nullstelle	Tiefpunkt
x = 3	Nullstelle	Terrassenpunkt

F''(x) = f'(x)

F''(x) = 0 ⇔ f'(x) = 0
Der Graph der Stammfunktion **F(x)** wechselt dort **die Krümmung (Wendestelle)**, wo sich die **Nullstellen mit Vorzeichenwechsel** von **f'(x)** und somit **Extremwerte** von **f(x)** befinden.

F''(x) > 0 ⇔ f'(x) > 0
Der Graph der Stammfunktion **F(x)** ist im Intervall]a; b[**linksgekrümmt**, wenn in]a; b[**f'(x) > 0** gilt, der Graph von **f(x)** also **steigt**.

F''(x) < 0 ⇔ f'(x) < 0
Der Graph der Stammfunktion **F(x)** ist im Intervall]a; b[**rechtsgekrümmt**, wenn in]a; b[**f'(x) < 0** gilt, der Graph von **f(x)** also **fällt**.

Beispiel:
F(x) ist **eine** Stammfunktion der Funktion f(x). Man kann ablesen:

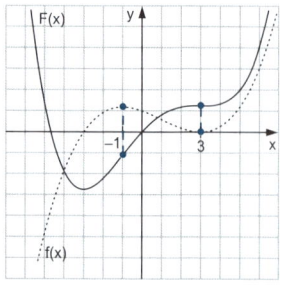

	f(x)	F(x)
x = −1	Hochpunkt	Wendepunkt
x = 3	Tiefpunkt	Wendepunkt
x < −1	monoton steigend	linksgekrümmt
−1 < x < 3	monoton fallend	rechtsgekrümmt
x > 3	monoton steigend	linksgekrümmt

I'(x) = f(x) und I''(x) = f'(x)

Da jede Integralfunktion $I(x) = \int\limits_a^x f(t)\,dt$ auch Stammfunktion ist, gelten entsprechende

Zusammenhänge wie bei den Stammfunktionen [▶ S. 14]:

f(b) = 0 mit Vorzeichenwechsel	⇔ I hat für x = b Extremwert
f(c) = 0 ohne Vorzeichenwechsel	⇔ I hat für x = c Terrassenpunkt
f(x) < 0 für x < b	⇔ I fällt für x < b
f(x) > 0 für x > b	⇔ I steigt für x > b
f hat für x = d Extremwert	⇔ I hat für x = d Wendepunkt
f hat für x = c Terrassenpunkt	⇔ I hat für x = c Wendepunkt
f steigt für x < d und x > c	⇔ I ist für x < d und x > c linksgekrümmt
f fällt für d < x < c	⇔ I ist für d < x < c rechtsgekrümmt

Jede Integralfunktion I(x) von f(x) ergibt sich durch Verschiebung einer beliebigen Stammfunktion F(x) von f(x) in y-Richtung. Dabei muss die Verschiebung so erfolgen, dass bei der unteren Grenze a eine Nullstelle von I(x) auftritt.

Weitere Eigenschaften der Integralfunktion

- Jede Integralfunktion besitzt (mindestens) **eine Nullstelle**:

  $I(a) = 0$, da $\int\limits_a^a f(t)\,dt = 0$ (obere Grenze = untere Grenze)

- I(x) kann **weitere Nullstellen**, z. B. I(b) = 0, besitzen, wenn die **Flächenbilanz** im Intervall [a; b] den Wert **0** hat (Fläche oberhalb der x-Achse = Fläche unterhalb der x-Achse).

- Der Graph von I(x) verläuft oberhalb der x-Achse, wenn I(x) > 0. Für die Fläche zwischen dem Graphen von f(x) und der x-Achse im Intervall [a; x] mit **x > a** folgt: Die Fläche **oberhalb der x-Achse** ist **größer** als die Fläche unterhalb der x-Achse.

- Der Graph von I(x) verläuft unterhalb der x-Achse, wenn I(x) < 0. Für die Fläche zwischen dem Graphen von f(x) und der x-Achse im Intervall [a; x] mit **x > a** folgt: Die Fläche **unterhalb der x-Achse** ist **größer** als die Fläche oberhalb der x-Achse.

- Wird in die „falsche" = negative Richtung integriert, ist also **x < a**, so dreht sich das Vorzeichen in der Flächenbilanz um: Flächen oberhalb der x-Achse gehen negativ, Flächen unterhalb der x-Achse positiv in die Rechnung ein.

Funktionsklassen

Der Name sagt es bereits: Der Graph einer **linearen Funktion** ist eine **Gerade**.

$$f(x) = mx + t$$

Festgelegt ist die Gerade durch ihren **Schnittpunkt mit der y-Achse** (Achsenabschnitt t) und ein rechtwinkliges **Steigungsdreieck**. Das Verhältnis zwischen der senkrechten Kathete b und der waagrechten Kathete a (jeweils **mit** Vorzeichen ablesen!) entspricht der **Geradensteigung**: $m = \frac{b}{a}$

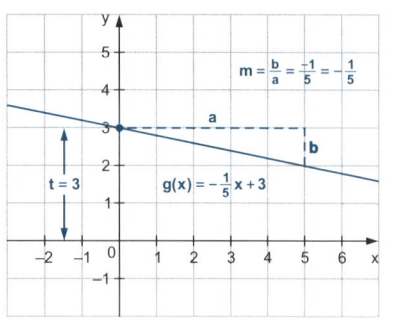

$m = \frac{b}{a} = \frac{-1}{5} = -\frac{1}{5}$

$t = 3$ $\quad g(x) = -\frac{1}{5}x + 3$

Funktion	$f(x) = mx + t$ $\quad$ m = Steigung, t = y-Achsenabschnitt
Definitionsbereich	$\mathbb{D} = \mathbb{R}$
Verhalten an den Rändern	für m > 0: $\quad \lim\limits_{x \to -\infty} f(x) = -\infty \qquad \lim\limits_{x \to +\infty} f(x) = +\infty$
	für m < 0: $\quad \lim\limits_{x \to -\infty} f(x) = +\infty \qquad \lim\limits_{x \to +\infty} f(x) = -\infty$
waagrechte Asymptoten	keine
senkrechte Asymptoten	keine
Wertebereich	für m ≠ 0: $\quad \mathbb{W} = \mathbb{R}$
	für m = 0: $\quad \mathbb{W} = \{t\}$
Symmetrie zum KOSY	für m = 0: $\quad$ achsensymmetrisch zur y-Achse
	für t = 0: $\quad$ punktsymmetrisch zum Ursprung
	für m, t ≠ 0: keine
Nullstellen	für m ≠ 0: $\quad$ genau eine Nullstelle $x_N = -\frac{t}{m}$
Ableitung	$f'(x) = m$
Monotonie	für m > 0: $\quad$ streng monoton steigend
	für m < 0: $\quad$ streng monoton fallend
Stammfunktion	$F(x) = \frac{1}{2}mx^2 + tx + C$
Umkehrfunktion	für m ≠ 0: $\quad f^{-1}(x) = \frac{1}{m}x - \frac{t}{m}$ mit $\mathbb{D}_{f^{-1}} = \mathbb{R}$ und $\mathbb{W}_{f^{-1}} = \mathbb{R}$
	für m = 0: $\quad$ keine

Spezielle Eigenschaften

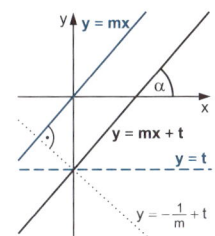

- Wenn **m = 0**, so ist die Gerade eine **Parallele zur x-Achse**.
- Wenn **t = 0**, so handelt es sich um eine **Ursprungsgerade**.
- **Parallele Geraden** besitzen dieselbe Steigung.
- Stehen die Geraden g und h aufeinander **senkrecht**, so gilt

  $m_h = -\dfrac{1}{m_g}$. h ist **Normale** zu g.

- Für den **Winkel** α, den die Gerade mit der positiven
  x-Achse einschließt, gilt: **$\tan\alpha = m$**

Beispielaufgaben

1. Geben Sie die Gleichung der Geraden g an, indem Sie die benötigten Informationen mög-
   lichst genau der Abbildung entnehmen, und berechnen Sie den Winkel α, unter dem die
   Gerade die x-Achse schneidet.

   Lösung:
   Ablesen in der Abbildung ergibt:
   g verläuft durch die beiden Punkte $(2\,|-2)$ und $(3\,|\,1)$.
   Das Steigungsdreieck zwischen $(2\,|-2)$ und $(3\,|\,1)$ ergibt:
   $m = \dfrac{3}{1} = 3$
   Einsetzen von $m = 3$ und $(2\,|-2)$ in $g(x) = mx + t$ ergibt:
   $-2 = 3 \cdot 2 + t \;\Rightarrow\; t = -8 \;\Leftrightarrow\; g(x) = 3x - 8$
   Setzt man $m = 3$ und $(3\,|\,1)$ ein, erhält man ebenso:
   $1 = 3 \cdot 3 + t \;\Rightarrow\; t = -8 \;\Leftrightarrow\; g(x) = 3x - 8$

   Den gesuchten Winkel erhält man mit:
   $\tan\alpha = 3 \;\Leftrightarrow\; \alpha \approx 71{,}6°$

2. Zeigen Sie, dass $t(x) = 4x + 6$ die Gleichung der Tangente an den Graphen der Funktion
   $f(x) = 2x^3 + 3x^2 + 4x + 5$ für $x_0 = -1$ ist, und bestimmen Sie die Gleichung der zugehörigen
   Normalen $n(x)$.

   Lösung:
   Stimmt $m_t = 4$ mit $f'(-1)$ überein?
   $f'(x) = 6x^2 + 6x + 4 \;\Rightarrow\; f'(-1) = 6(-1)^2 + 6(-1) + 4 = 4$ $\rightarrow$ Übereinstimmung
   Verlaufen t und f für $x_0 = -1$ durch denselben Punkt?
   $t(-1) = 4(-1) + 6 = 2$ und $f(-1) = 2(-1)^3 + 3(-1)^2 + 4(-1) + 5 = 2$ $\rightarrow$ Übereinstimmung
   $\Rightarrow$ t ist die Tangente an den Graphen von f im Kurvenpunkt $(-1\,|\,2)$.
   n muss die Steigung $-\dfrac{1}{4}$ besitzen und ebenfalls durch $(-1\,|\,2)$ verlaufen:
   $2 = -\dfrac{1}{4} \cdot (-1) + t \;\Rightarrow\; t = 2 - \dfrac{1}{4} = \dfrac{7}{4} \;\Leftrightarrow\; n(x) = -\dfrac{1}{4}x + \dfrac{7}{4}$

Worauf Sie achten sollten …

Geraden kommen häufig im Zusammenhang mit anderen Funktionen vor:
- **senkrechte Asymptoten** $x = a$ (*Achtung:* Keine Funktion! [▶ S. 2, *Was ist eine Funktion?*])
- **waagrechte Asymptoten** $y = b$
- **schiefe/schräge Asymptoten** $y = mx + t$ bei gebrochenrationalen Funktionen
- **Tangenten** $y = mx + t$ an den Funktionsgraphen einer Funktion $f(x)$ im Punkt $P(x_0\,|\,f(x_0))$,
  wobei **$m = f'(x_0)$** gilt

Eine **quadratische Funktion** lässt sich (für $a \neq 0$) darstellen durch die

- allgemeine Form: $f(x) = ax^2 + bx + c$
- Scheitelform: $f(x) = a(x - x_S)^2 + y_S$

Der dazugehörige Graph wird **Parabel** genannt, deren Extrempunkt heißt **Scheitel** $S(x_S \mid y_S)$. Die Parabel ist (für $a > 0$) **nach oben** oder (für $a < 0$) **nach unten geöffnet**.

Abgebildet sind:
$p_1(x) = 1(x - 0)^2 + 0 = x^2$
$p_2(x) = -\frac{1}{2}(x - 4)^2 + 2 = -\frac{1}{2}x^2 + 4x - 6$

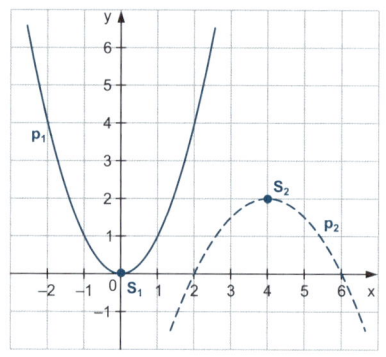

Grundeigenschaften

Funktion	$f(x) = ax^2 + bx + c$ oder $f(x) = a(x - x_S)^2 + y_S$ $(a \neq 0)$
Definitionsbereich	$\mathbb{D} = \mathbb{R}$
Verhalten an den Rändern	für $a > 0$: $\lim\limits_{x \to \pm\infty} f(x) = +\infty$ nach oben geöffnet
	für $a < 0$: $\lim\limits_{x \to \pm\infty} f(x) = -\infty$ nach unten geöffnet
waagrechte Asymptoten	keine
senkrechte Asymptoten	keine
Wertebereich	für $a > 0$: $\mathbb{W} = [y_S; +\infty[$
	für $a < 0$: $\mathbb{W} =]-\infty; y_S]$
Symmetric zum KOSY	für $b = 0$ bzw. $x_S = 0$: achsensymmetrisch zur y-Achse
	für $b \neq 0$ bzw. $x_S \neq 0$: keine
Nullstellen	$f(x) = 0$ führt auf 0 oder 1 oder 2 Nullstellen
Ableitung	$f'(x) = 2ax + b$
Monotonie	für $a > 0$: streng monoton fallend in $]-\infty; x_S[$
	streng monoton steigend in $]x_S; +\infty[$
	für $a < 0$: streng monoton steigend in $]-\infty; x_S[$
	streng monoton fallend in $]x_S; +\infty[$
Stammfunktion	$F(x) = \frac{1}{3}ax^3 + \frac{1}{2}bx^2 + cx + C$
Umkehrfunktion	aus der Scheitelform z. B. für $a > 0$ mit $\mathbb{D}_f =]x_S; +\infty[$:
	$f^{-1}(x) = \sqrt{\dfrac{x - y_S}{a}} + x_S$ mit $\mathbb{D}_{f^{-1}} =]y_S; +\infty[$ und $\mathbb{W}_{f^{-1}} =]x_S; +\infty[$

Spezielle Eigenschaften

- Den Graphen der quadratischen Funktion $f(x) = x^2$ nennt man **Normalparabel**.
- Jede andere Parabel entsteht durch Verschiebung und/oder Dehnung/Stauchung und/oder Spiegelung aus der Normalparabel. [▶ S. 4 f, *Veränderungen des Funktionsgraphen*]
- Jede Parabel ist **achsensymmetrisch zur Senkrechten $x = x_S$** durch den Scheitel. Daraus folgt insbesondere: Besitzt die quadratische Funktion **zwei Nullstellen** x_1 und x_2, so gilt für die x-Koordinate des Scheitels der Parabel $x_S = \frac{1}{2}(x_1 + x_2)$. S liegt in der „Mitte".

Beispielaufgaben

1. Lösen Sie die quadratische Ungleichung $2x^2 + 2x - 24 > 0$.

   Lösung:
   Bestimmung der Nullstellen von $f(x) = 2x^2 + 2x - 24$:

   $2x^2 + 2x - 24 = 0 \qquad x_{1/2} = \frac{-2 \pm \sqrt{2^2 - 4 \cdot 2 \cdot (-24)}}{2 \cdot 2} = \frac{-2 \pm \sqrt{196}}{4} = \frac{-2 \pm 14}{4}$

   $f(x)$ besitzt somit die Nullstellen $x = 3$ und $x = -4$. Da die zugehörige Parabel wegen $a = 2 > 0$ nach oben geöffnet ist, verläuft der Graph von f nur zwischen den Nullstellen unterhalb der x-Achse.
   Lösungsmenge der Ungleichung: $\mathbb{L} = \mathbb{R} \setminus [-4; 3]$ oder $\mathbb{L} = {]-\infty; -4[} \cup {]3; +\infty[}$

2. Die Parabel p_1 ist der Graph der Funktion $f(x) = -0{,}5x^2 + 3$.
   Bestimmen Sie die Funktionsgleichung g einer Parabel p_2, die die Parabel p_1 im Punkt $(2\,|\,1)$ berührt und durch den Punkt $(1\,|\,4)$ verläuft. (Steckbriefaufgabe)

   Lösung:
   $f(x) = -0{,}5x^2 + 3 \qquad\quad g(x) = ax^2 + bx + c$
   $f'(x) = -x \qquad\qquad\qquad g'(x) = 2ax + b$
   Wenn sich zwei Graphen im Punkt P berühren, so verlaufen beide Funktionen durch diesen Punkt und besitzen dort dieselbe Steigung:
   (I) $\qquad f(2) = g(2) \quad \Leftrightarrow \quad 1 = 4a + 2b + c \quad \Leftrightarrow \quad c = 1 - 4a - 2b$
   (II) $\qquad f'(2) = g'(2) \quad \Leftrightarrow \quad -2 = 4a + b \qquad \Leftrightarrow \quad b = -2 - 4a$
   Außerdem soll der Graph von g durch den Punkt $(1\,|\,4)$ verlaufen:
   (III) $\qquad g(1) = 4 \quad \Leftrightarrow \quad a + b + c = 4 \quad \Leftrightarrow \quad c = 4 - a - b$
   (I) = (III) $\qquad 1 - 4a - 2b = 4 - a - b \qquad \Leftrightarrow \quad b = -3 - 3a$
   $b = -3 - 3a$ gleichgesetzt mit (II) ergibt: $-3 - 3a = -2 - 4a \quad \Leftrightarrow \quad a = 1$
   Somit folgt $b = -6$, $c = 9$ und damit $g(x) = x^2 - 6x + 9$.

Worauf Sie achten sollten ...

- Für **quadratische Gleichungen** gibt es die **Lösungsformel**. [▶ S. 34, *Formelsammlung*]
- Lautet die Gleichung $ax^2 + bx = 0$, kann man x ausklammern und erhält $x(ax + b) = 0$. Die Lösungen $x = 0$ und $x = -\frac{b}{a}$ können dann abgelesen werden.
- **Quadratische Ungleichungen** können durch Berechnung der Nullstellen und Betrachtung des Vorzeichens von a gelöst werden.
- Multipliziert man die Scheitelform aus, so ergibt sich die allgemeine Form.
- Die allgemeine Form lässt sich durch **quadratische Ergänzung** in die Scheitelform bringen. Beispiel: $f(x) = 2x^2 - 12x + 22 = 2(x^2 - 6x + \mathbf{9}) + 22 - \mathbf{2 \cdot 9} = 2(x - 3)^2 + 4$
  + 9 (damit $a^2 - 2ab + b^2$ entsteht) **und** „zum Ausgleich" **$- 2 \cdot 9$** (9 mit Faktor vor der Klammer)

Auf einen Blick

Eine **ganzrationale Funktion** kann auch **Polynom-funktion vom Grad n** genannt werden, wobei n der Exponent der höchsten Potenz von x ist.

$$f(x) = a_n x^n + a_{n-1} x^{n-1} + \ldots + a_0 x^0$$

Die Gestalt des Graphen hängt insbesondere vom Grad der Funktion ab.

Dargestellt sind die Graphen von:
$f_1(x) = x^3 + 6x^2 + 11x + 5$
$f_2(x) = x^4 - 4x^2 + 3$
$f_3(x) = 2x^5 - 4x^4 + 2x^2 - x + 2$

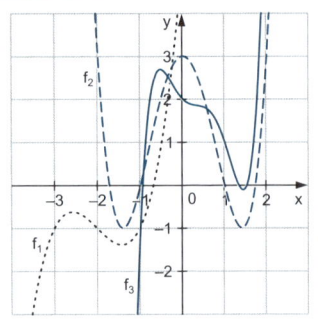

Grundeigenschaften

Funktion	$f(x) = a_n x^n + a_{n-1} x^{n-1} + \ldots + a_0 x^0$ mit $n \in \mathbb{N}$; $n > 2$; $a_i \in \mathbb{R}$; $a_n \neq 0$
Definitionsbereich	$\mathbb{D} = \mathbb{R}$

Verhalten an den Rändern

n gerade und $a_n > 0$: $\lim\limits_{x \to \pm\infty} f(x) = +\infty$

n gerade und $a_n < 0$: $\lim\limits_{x \to \pm\infty} f(x) = -\infty$

n ungerade und $a_n > 0$: $\lim\limits_{x \to -\infty} f(x) = -\infty$ $\lim\limits_{x \to +\infty} f(x) = +\infty$

n ungerade und $a_n < 0$: $\lim\limits_{x \to -\infty} f(x) = +\infty$ $\lim\limits_{x \to +\infty} f(x) = -\infty$

waagrechte Asymptoten	keine
senkrechte Asymptoten	keine

Wertebereich

n gerade und $a_n > 0$: $W = [y_{\text{absolutes Minimum}}; +\infty[$
n gerade und $a_n < 0$: $W =]-\infty; y_{\text{absolutes Maximum}}]$
n ungerade: $W = \mathbb{R}$

Symmetrie zum KOSY

alle Potenzen von x geradzahlig: achsensymmetrisch zur y-Achse
alle Potenzen von x ungeradzahlig: punktsymmetrisch zum Ursprung

Nullstellen	maximal n Nullstellen
Ableitung	$f'(x) = n \cdot a_n x^{n-1} + (n-1) \cdot a_{n-1} x^{n-2} + \ldots + a_1$
Monotonie	ergibt sich aus der 1. Ableitung
Stammfunktion	$F(x) = \frac{1}{n+1} a_n x^{n+1} + \frac{1}{n} a_{n-1} x^n + \ldots + a_0 x^1 + C$
Umkehrfunktion	im Allgemeinen angegeben

Spezielle Eigenschaften

- Besitzt eine ganzrationale Funktion die Nullstelle x_0, so lässt sich der Term $(x - x_0)$ aus dem Funktionsterm ausklammern.
- Zur Bestimmung der **Nullstellen** benötigt man im Allgemeinen die **Polynomdivision**: Man errät zunächst die Nullstelle x_1 durch Probieren (i. Allg. mit 0; ±1; ±2; ±3) und dividiert dann den Funktionsterm durch $(x - x_1)$. Dies setzt man mit dem Ergebnis der Polynomdivision fort, bis nur noch ein quadratischer Term verbleibt, der mithilfe der Formel gelöst wird.
- Die lineare bzw. quadratische Funktion sind ganzrationale Funktionen für $n = 1$ bzw. $n = 2$.

Beispielaufgabe

a) Berechnen Sie die Nullstellen der Funktion $f(x) = x^4 + x^3 - 8x^2 - 12x$.
b) Bestimmen Sie das Verhalten von f für $x \to \pm\infty$ und skizzieren Sie den Funktionsverlauf.
c) Berechnen Sie die Fläche, die der Graph von f im Intervall $[1; 2]$ mit der x-Achse einschließt.

Lösung:
a) $f(x) = x^4 + x^3 - 8x^2 - 12x = x(x^3 + x^2 - 8x - 12) \implies x_1 = 0$

Für $x^3 + x^2 - 8x - 12 = 0$ ergibt sich durch Probieren $x_2 = -2$.

$(x^3 + x^2 - 8x - 12) : (x + 2) = x^2 - x - 6$
$\underline{-(x^3 + 2x^2)}$

$\quad -x^2 - 8x$
$\quad \underline{-(-x^2 - 2x)}$

$\qquad -6x - 12$
$\qquad \underline{-(-6x - 12)}$

$\qquad\qquad 0$

$x^2 - x - 6 = 0$

$x_{3/4} = \dfrac{-(-1) \pm \sqrt{(-1)^2 - 4 \cdot 1 \cdot (-6)}}{2 \cdot 1}$

$\qquad = \dfrac{1 \pm \sqrt{25}}{2}$

$\Leftrightarrow \quad x_3 = 3$ und $x_4 = -2$

f(x) besitzt somit die Nullstellen 0, -2 (doppelt) und 3.

b) $\lim\limits_{x \to \pm\infty} f(x) = \lim\limits_{x \to \pm\infty} x^4 = +\infty$

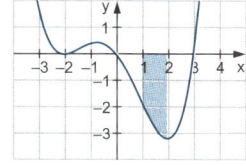

Aufgrund der Nullstellen ($x = -2$ ist als doppelte Nullstelle zugleich Extremstelle) und der Limeswerte verläuft der Graph von f nur in $]0; 3[$ unter der x-Achse.

c) $A = \left| \displaystyle\int_1^2 (x^4 + x^3 - 8x^2 - 12x)\, dx \right| = \left| \left[\tfrac{1}{5}x^5 + \tfrac{1}{4}x^4 - \tfrac{8}{3}x^3 - 6x^2 \right]_1^2 \right|$

$= \left| \tfrac{1}{5} \cdot 2^5 + \tfrac{1}{4} \cdot 2^4 - \tfrac{8}{3} \cdot 2^3 - 6 \cdot 2^2 - \left(\tfrac{1}{5} \cdot 1^5 + \tfrac{1}{4} \cdot 1^4 - \tfrac{8}{3} \cdot 1^3 - 6 \cdot 1^2 \right) \right| = \left| -26\tfrac{43}{60} \right| = 26\tfrac{43}{60}$

Worauf Sie achten sollten ...

- Sollte die Polynomdivision nicht aufgehen, so liegt entweder ein Divisionsfehler vor (beim Subtrahieren drehen sich **beide** Vorzeichen um!) oder die erratene Nullstelle ist gar keine.
- Bei der Bestimmung des Verhaltens für $x \to \pm\infty$ genügt es, den Term $a_n x^n$ zu betrachten.
- Soll ein Funktionsterm aufgestellt werden (Steckbriefaufgabe), so wird zunächst der Funktionsterm samt der 1. und 2. Ableitung in allgemeiner Form aufgestellt. Die geforderten Bedingungen liefern dann ein Gleichungssystem für die Parameter a_n bis a_0 des Funktionsterms. [▶ S. 21, *Beispielaufgabe 2*]

Auf einen Blick

Eine **gebrochenrationale Funktion** kann als **Bruch** geschrieben werden, bei dem **im Zähler und im Nenner** je eine **ganzrationale Funktion** steht.

$$f(x) = \frac{u(x)}{v(x)}$$

Der Graph einer gebrochenrationalen Funktion wird durch **senkrechte und waagrechte Asymptoten** wesentlich bestimmt.

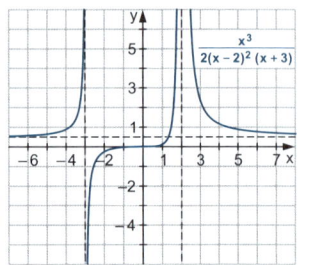

Grundeigenschaften

Funktion	$f(x) = \dfrac{u(x)}{v(x)} = \dfrac{a_m x^m + a_{m-1} x^{m-1} + \ldots + a_1 x^1 + a_0 x^0}{b_n x^n + b_{n-1} x^{n-1} + \ldots + b_1 x^1 + b_0 x^0}$
Definitionsbereich	$\mathbb{D} = \mathbb{R} \setminus \{\text{Nullstellen von } v(x)\}$
Verhalten für $x \to \pm\infty$	$m < n:$ $\lim\limits_{x \to \pm\infty} f(x) = 0$
	$m = n:$ $\lim\limits_{x \to \pm\infty} f(x) = \dfrac{a_m}{b_n}$
	$m > n:$ $\lim\limits_{x \to +\infty} f(x) = \dfrac{a_m}{b_n} \cdot \infty$
	$\lim\limits_{x \to -\infty} f(x) = \dfrac{a_m}{b_n} \cdot \infty$ falls $(m - n)$ gerade
	$\lim\limits_{x \to -\infty} f(x) = \dfrac{a_m}{b_n} \cdot (-\infty)$ falls $(m - n)$ ungerade
Verhalten für $x \to x_0$ **mit** $v(x_0) = 0$ **und** $u(x_0) \neq 0$	x_0 ist 1-fache, 3-fache, … Nullstelle von $v(x)$ $\Rightarrow$ x_0 ist Polstelle mit Vorzeichenwechsel (mVW)
	x_0 ist 2-fache, 4-fache, … Nullstelle von $v(x)$ $\Rightarrow$ x_0 ist Polstelle ohne Vorzeichenwechsel (oVW)
waagrechte Asymptoten	$m < n:$ $y = 0$ (x-Achse)
	$m = n:$ $y = \dfrac{a_m}{b_n}$
senkrechte Asymptoten	$x = x_0:$ wenn x_0 Polstelle ist
Wertebereich	ergibt sich aus den Limeswerten und den Extrempunkten
Symmetrie zum KOSY	im Allgemeinen keine
	Sonderfälle [▶ S. 25, *Spezielle Eigenschaften*]
Nullstellen	$f(x) = 0 \iff u(x) = 0, v(x) \neq 0$
Ableitung	$f'(x) = \dfrac{u'(x) \cdot v(x) - u(x) \cdot v'(x)}{[v(x)]^2}$ („Quotientenregel")
Monotonie	ergibt sich aus der 1. Ableitung
Stammfunktion	lässt sich nur in Sonderfällen bestimmen [▶ S. 35, *Formelsammlung*]
Umkehrfunktion	im Allgemeinen angegeben

Spezielle Eigenschaften

- Ist x_0 r-fache Nullstelle des Zählers und zugleich s-fache Nullstelle des Nenners, so kann mit $(x - x_0)$ gekürzt werden. Für $r \geq s$ ist x_0 dann eine stetig (be)hebbare Definitionslücke (Graph hat ein „Loch" bei x_0). Für $r < s$ ist x_0 Polstelle. [▶ S. 7, *Verhalten an Definitionslücken*]
- Ist der Grad des Zählers größer als der Grad des Nenners ($m > n$), so lässt sich die Funktion durch **Polynomdivision** umformen in einen ganzrationalen Teil und ein Restglied. Der ganzrationale Teil gibt die asymptotische Kurve an. Für $m = n + 1$ ist das die **schiefe Asymptote**.
- $u(x)$ und $v(x)$ **dieselbe** Symmetrie (zu y-Achse oder Ursprung) $\Rightarrow$ **Symmetrie zur y-Achse** $u(x)$ und $v(x)$ **verschiedene** Symmetrien $\Rightarrow$ **Symmetrie zum Ursprung**

Beispielaufgabe

Gegeben sind die drei Funktionen $f(x) = \frac{x+2}{x^2-1}$, $g(x) = \frac{(x+1)^3}{2(x-1)(x+3)^2}$ und $h(x) = -x + 1 + \frac{2}{x-2}$.

a) Bestimmen Sie für jede Funktion den Definitionsbereich.
b) Geben Sie für jede Funktion alle Asymptoten an.
c) Berechnen Sie jeweils die Nullstelle(n).
d) Skizzieren Sie grob den Graphen jeder Funktion.

Lösung:

a) $\mathbb{D}_f = \mathbb{R} \setminus \{-1; 1\}$

b) senkrecht:
   $x = -1$ Pol mVW
   $x = 1$ Pol mVW
   waagrecht:
   $y = 0$ da $m < n$

c) $x + 2 = 0$

   $x = -2$

a) $\mathbb{D}_g = \mathbb{R} \setminus \{1; -3\}$

b) senkrecht:
   $x = 1$ Pol mVW
   $x = -3$ Pol oVW
   waagrecht:
   $y = \frac{1}{2}$ da $m = n$

c) $(x+1)^3 = 0$

   $x = -1$ dreifach

a) $\mathbb{D}_h = \mathbb{R} \setminus \{2\}$

b) senkrecht:
   $x = 2$ Pol mVW
   schief:
   $y = -x + 1$

c) $h(x) = \frac{(-x+1)(x-2)+2}{x-2}$

   $= \frac{-x^2 + 3x}{x-2} = \frac{x(-x+3)}{x-2}$

   $x_1 = 0$ $x_2 = 3$

d)

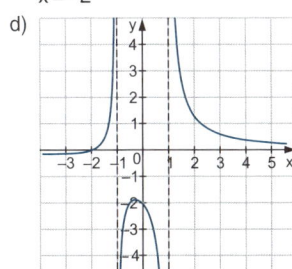 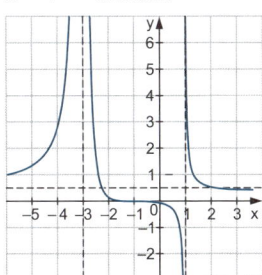 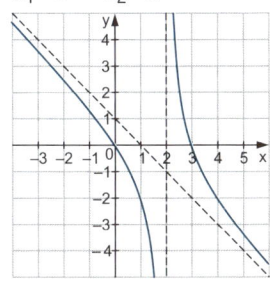

Worauf Sie achten sollten ...

- Sie sollten den **Grad** von Zähler und Nenner genau beachten und bei waagrechten und schiefen Asymptoten als Begründung verwenden.
- Soll eine **Skizze** angefertigt werden, empfiehlt es sich, als Erstes alle **Asymptoten** einzutragen.
- Eine **schiefe Asymptote** lässt sich nur dann **am Funktionsterm ablesen**, wenn für das Restglied gilt: Grad des Zählers < Grad des Nenners

Wurzelfunktion

Da unter der Wurzel keine negativen Werte stehen dürfen, ist die **Wurzelfunktion**

$$f(x) = \sqrt{x}$$

nur in $\mathbb{R}_0^+$ definiert.

Bei **Wurzelfunktionen mit Verkettung** $\sqrt{g(x)}$ kann sich der Definitionsbereich auch aus mehreren Intervallen zusammensetzen, in denen $g(x) \geq 0$ gilt.

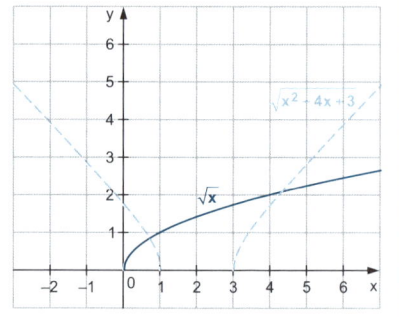

Grundeigenschaften

	Grundfunktion	Funktion mit Verkettung
Funktion	$f(x) = \sqrt{x}$	$f(x) = \sqrt{g(x)}$
Definitionsbereich	$\mathbb{D} = \mathbb{R}_0^+$	alle x, für die gilt: $g(x) \geq 0$
Verhalten an den Rändern	$\sqrt{0} = 0$ $\lim\limits_{x \to +\infty} \sqrt{x} = +\infty$	abhängig vom Verhalten von g(x) an den Rändern von $\mathbb{D}_f$: $\lim\limits_{x \to x_0} f(x) = \sqrt{\lim\limits_{x \to x_0} g(x)}$
waagrechte Asymptoten	keine	falls g(x) die waagrechte Asymptote $y = a \geq 0$ besitzt, so hat f(x) die waagrechte Asymptote $y = \sqrt{a}$
senkrechte Asymptoten	keine	falls $\lim\limits_{x \to b} g(x) = +\infty$, so ist $x = b$ auch senkrechte Asymptote von f(x)
Wertebereich	$\mathbb{W} - \mathbb{R}_0^+$	abhängig vom Wertebereich von g(x)
Symmetrie zum KOSY	keine	abhängig von der Symmetrie von g(x)
Nullstellen	$f(x) = 0$ für $x = 0$	$f(x) = 0$ für $g(x) = 0$
Ableitung	$f'(x) = \frac{1}{2\sqrt{x}}$ mit $x > 0$	$f'(x) = \frac{1}{2\sqrt{g(x)}} \cdot g'(x)$ mit $g(x) > 0$
Monotonie	streng monoton steigend	abhängig vom Vorzeichen von g'(x), da $\frac{1}{2\sqrt{g(x)}} > 0$
Stammfunktion	$F(x) = \frac{2}{3}x^{\frac{3}{2}} + C = \frac{2}{3}x\sqrt{x} + C$	im Allgemeinen vorgegeben
Umkehrfunktion	$f^{-1}(x) = x^2$ mit $\mathbb{D}_{f^{-1}} = \mathbb{R}_0^+$ und $\mathbb{W}_{f^{-1}} = \mathbb{R}_0^+$	abhängig von g(x)

Spezielle Eigenschaften

- Für die **Grundfunktion** gilt $f(1) = \sqrt{1} = 1$. Damit gilt bei **Verkettungen** $f(g(x)) = 1$ für $g(x) = 1$.
- Die Ableitung von $f(x) = \sqrt{x}$ bzw. $f(x) = \sqrt{g(x)}$ ist nur für $x > 0$ bzw. $g(x) > 0$ definiert. Für $x \to 0$ bzw. $g(x) \to 0$ strebt $f'(x)$, also die Steigung der Tangente, gegen unendlich.

Beispielaufgabe

Gegeben ist der Graph G_g der Funktion $g(x)$.

a) Bestimmen Sie den Definitionsbereich $\mathbb{D}_f$ der Funktion $f(x) = \sqrt{g(x)}$.

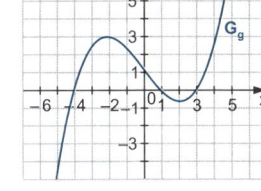

b) Untersuchen Sie das Verhalten von $f(x)$ an den Grenzen des Definitionsbereichs.

c) Geben Sie das Monotonieverhalten von $f(x)$ an.

d) Skizzieren Sie den Graphen von $f(x)$ in die Abbildung.

Lösung:

a) $g(x)$ hat Nullstellen bei $x = -4$, $x = 1$ und $x = 3$. In den Intervallen $[-4; 1]$ und $[3; +\infty[$ gilt $g(x) \geq 0$ (Graph verläuft oberhalb oder auf der x-Achse). Somit gilt: $\mathbb{D}_f = [-4; 1] \cup [3; +\infty[$

b) Aufgrund der Nullstellen von $g(x)$ gilt:

$$\lim_{x \to -4} f(x) = \lim_{x \to 1} f(x) = \lim_{x \to 3} f(x) = 0 \quad \text{und} \quad \lim_{x \to +\infty} f(x) = \lim_{x \to +\infty} \sqrt{g(x)} = \sqrt{+\infty} = +\infty$$

c) In $\mathbb{D}_f$ steigen $g(x)$ und somit auch $f(x)$ in $]-4; \approx -2[$ und $]3; +\infty[$, da mit $g'(x) > 0$ auch $f'(x) > 0$. In $\mathbb{D}_f$ fallen $g(x)$ und somit auch $f(x)$ in $]\approx -2; 1[$, da mit $g'(x) < 0$ auch $f'(x) < 0$.

d) Im Intervall $[-4; 1]$ mit $(-4|0)$ und $(1|0)$ besitzt der Graph für $x \approx -2$ einen Hochpunkt. Die Tangenten an den beiden Rändern sind nahezu senkrecht. Im Intervall $]3; +\infty[$ beginnt der Graph in $(3|0)$ ebenfalls fast senkrecht und strebt dann streng monoton steigend nach $+\infty$.

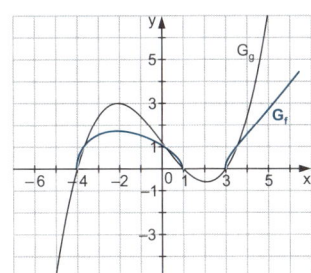

Worauf Sie achten sollten ...

- **Unter der Wurzel** dürfen **keine negativen Werte** stehen.
- Jedes **Wurzelzeichen** lässt sich durch den **Exponenten** $\frac{1}{2}$ ersetzen: $\sqrt{x} = x^{\frac{1}{2}}$
- Beim Bilden der **Ableitung** dürfen Sie insbesondere die **Kettenregel** (nachdifferenzieren) nicht vergessen.
- Kontrollieren Sie bei jedem berechneten x-Wert, ob er der Definitionsmenge angehört.
- Das **Monotonieverhalten** von $g(x)$ überträgt sich auf das Monotonieverhalten von $f(x) = \sqrt{g(x)}$.
- Beim **Lösen von Wurzelgleichungen** hilft **Quadrieren**. Dann muss aber in der ursprünglichen Gleichung eine Probe erfolgen!
- Denken Sie beim **Skizzieren von Funktionsgraphen** daran, dass der Graph bei der Nullstelle nahezu senkrecht auf die x-Achse trifft.

Auf einen Blick

Die Funktionen

f(x) = sin x und **g(x) = cos x**

sind **periodische** Funktionen,
d. h., der Graph besteht aus
einem sich ständig wieder-
holenden Kurvenstück.

Die Länge der **Periode** beträgt
2π. Die **Amplitude** (maximaler
Ausschlag nach oben bzw.
unten) beträgt 1.

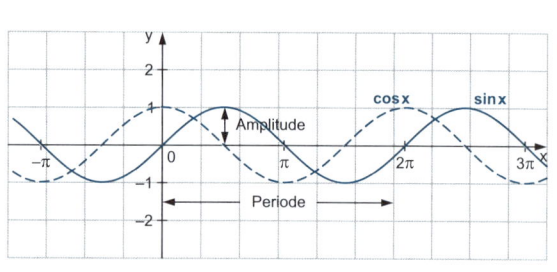

Grundeigenschaften

	sin-Funktion	**cos-Funktion**
Funktion	$f(x) = \sin x$	$g(x) = \cos x$
Definitionsbereich	$\mathbb{D} = \mathbb{R}$	$\mathbb{D} = \mathbb{R}$
Verhalten an den Rändern	aufgrund der Periodizität kann kein Limes $x \to \pm\infty$ gebildet werden	aufgrund der Periodizität kann kein Limes $x \to \pm\infty$ gebildet werden
waagrechte Asymptoten	keine	keine
senkrechte Asymptoten	keine	keine
Wertebereich	$\mathbb{W} = [-1;\ 1]$	$\mathbb{W} = [-1;\ 1]$
Symmetrie zum KOSY	punktsymmetrisch zum Ursprung	achsensymmetrisch zur y-Achse
Nullstellen	$x = k \cdot \pi$ mit $k \in \mathbb{Z}$	$x = \frac{\pi}{2} + k \cdot \pi$ mit $k \in \mathbb{Z}$
Ableitung	$f'(x) = \cos x$	$g'(x) = -\sin x$
Monotonie	streng monoton steigend in $\left] -\frac{\pi}{2} + k \cdot 2\pi;\ \frac{\pi}{2} + k \cdot 2\pi \right[$ streng monoton fallend in $\left] \frac{\pi}{2} + k \cdot 2\pi;\ \frac{3\pi}{2} + k \cdot 2\pi \right[$	streng monoton steigend in $\left] \pi + k \cdot 2\pi;\ 2\pi + k \cdot 2\pi \right[$ streng monoton fallend in $\left] 0 + k \cdot 2\pi;\ \pi + k \cdot 2\pi \right[$
Stammfunktion	$F(x) = -\cos x + C$	$G(x) = \sin x + C$
Umkehrfunktion	$f^{-1}(x) = \arcsin x$ $\mathbb{D}_{f^{-1}} =]-1;\ 1[;\ \ \mathbb{W}_{f^{-1}} = \left] -\frac{\pi}{2};\ \frac{\pi}{2} \right[$	$g^{-1}(x) = \arccos x$ $\mathbb{D}_{g^{-1}} =]-1;\ 1[;\ \ \mathbb{W}_{g^{-1}} =]0;\ \pi[$

*Die Funktionen arcsin x und arccos x stehen in vielen Bundesländern
nicht im Lehrplan!*

Spezielle Eigenschaften

- Die Graphen von $\sin x$ und $\cos x$ können durch eine Verschiebung um $\frac{\pi}{2}$ in x-Richtung zur Deckung gebracht werden. Es gilt somit:

$$\sin x = \cos\left(x - \frac{\pi}{2}\right) \qquad \cos x = \sin\left(x + \frac{\pi}{2}\right)$$

- Die Funktionen $s(x) = A \cdot \sin(ax + b) + c$ und $r(x) = A \cdot \cos(ax + b) + c$ ergeben sich durch Verschiebung, Spiegelung und Dehnung/Stauchung aus den Graphen von $\sin x$ und $\cos x$.
  [▶ S. 4 f, *Veränderungen des Funktionsgraphen*]
  Dabei gibt $|A|$ die **Amplitude** und $p = \frac{2\pi}{|a|}$ die **Periode** von $s(x)$ bzw. $r(x)$ an.

Beispielaufgaben

1. Die Abbildung zeigt den Graphen einer sin-Funktion. Geben Sie den Funktionsterm an.

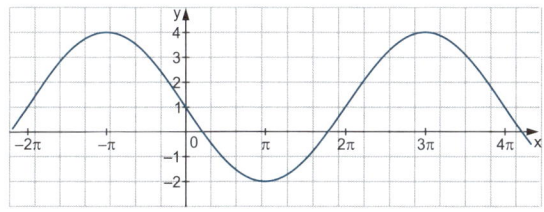

Achtung:
Die Amplitude ist 3, da $W = [-2; 4]$, der Wertebereich also 6 Längeneinheiten umfasst.

Lösung:
Die Funktion hat die Periode $4\pi = 2 \cdot 2\pi$ und die Amplitude **3**. Der Graph von $\sin x$ wurde daher mit dem Faktor 2 in x-Richtung und mit dem Faktor 3 in y-Richtung gedehnt. Außerdem wurde er an der x-Achse gespiegelt und um **1** nach oben verschoben.

$$f(x) = -3 \cdot \sin\left(\tfrac{1}{2}x\right) + 1$$

2. Zeigen Sie, dass der Graph der Funktion $f(x) = 2x + 2 \cdot \sin x$ mit $\mathbb{D} = \mathbb{R}$ monoton steigt.

Lösung:
$f'(x) = 2 + 2 \cdot \cos x = 2(1 + \cos x)$
Wegen $-1 \leq \cos x \leq +1$ gilt: $0 \leq 1 + \cos x \leq 2 \iff 0 \leq 2(1 + \cos x) \leq 4 \iff 0 \leq f'(x) \leq 4$
Da $f'(x)$ niemals negativ ist, steigt der Graph von f monoton.

Worauf Sie achten sollten ...

- Vorsicht beim Berechnen von Funktionswerten und Lösen von Gleichungen!
  Fast jeder Taschenrechner hat die Grundeinstellung **DEG** oder nur **D** (siehe Display!). Das bedeutet, dass jedes Argument vom Rechner als **Gradzahl** verstanden wird. Der Rechner muss auf **RAD** bzw. **R** umgestellt werden, damit er das x als **Bogenmaß** (und damit als **reelle Zahl** ohne Benennung) erkennt.
- Zum Lösen der Gleichung $\sin x = a$ wird im Rechner $\boxed{\text{SHIFT}} \rightarrow \boxed{\sin} \rightarrow [a]$ eingegeben.
  Der Rechner liefert dann **einen** Wert x_0 im Intervall $\left[-\frac{\pi}{2}; +\frac{\pi}{2}\right]$. Mit x_0 ist auch $\pi - x_0$ Lösung der Gleichung. Alle anderen Lösungen ergeben sich durch $\pm k \cdot 2\pi$ mit $k \in \mathbb{Z}$.
- Zum Lösen der Gleichung $\cos x = b$ wird im Rechner $\boxed{\text{SHIFT}} \rightarrow \boxed{\cos} \rightarrow [b]$ eingegeben. Der Rechner liefert dann **einen** Wert x_0 im Intervall $[0; \pi]$. Mit x_0 ist auch $2\pi - x_0$ Lösung der Gleichung. Alle anderen Lösungen ergeben sich durch $\pm k \cdot 2\pi$ mit $k \in \mathbb{Z}$.
- Kommen im Funktionsterm $\sin x$ und $\cos x$ vor, so hilft beim Vereinfachen oft die Formel $(\sin x)^2 + (\cos x)^2 = 1$.

Der Graph der **Exponentialfunktion**

$f(x) = e^x$

hat den typischen, steil ansteigenden Verlauf.

Merkspruch:

    e^x wächst für $x \to +\infty$ schneller als jede
    positive Potenz von x!

Bei **e-Funktionen mit Verkettung** $e^{g(x)}$ kann der Graph
eine ganz andere Form annehmen.

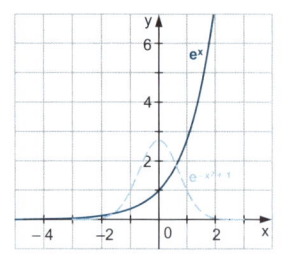

Grundeigenschaften

	Grundfunktion	Funktion mit Verkettung
Funktion	$f(x) = e^x$	$f(x) = e^{g(x)}$
Definitionsbereich	$\mathbb{D} = \mathbb{R}$	$\mathbb{D}_f = \mathbb{D}_g$
Verhalten an den Rändern	$\lim\limits_{x \to -\infty} e^x = 0$ $\lim\limits_{x \to +\infty} e^x = +\infty$	abhängig vom Verhalten von $g(x)$ an den Rändern von $\mathbb{D}_f$: $\lim\limits_{x \to x_0} f(x) = e^{\lim\limits_{x \to x_0} g(x)}$
waagrechte Asymptoten	$y = 0$ (x-Achse)	$y = 0$, falls $\lim\limits_{x \to +\infty} g(x) = -\infty$ und/oder $\lim\limits_{x \to -\infty} g(x) = -\infty$ $y = e^a$, falls $\lim\limits_{x \to +\infty} g(x) = a$ und/oder $\lim\limits_{x \to -\infty} g(x) = a$
senkrechte Asymptoten	keine	$x = b$, falls $\lim\limits_{x \to b^+} g(x) = +\infty$ und/oder $\lim\limits_{x \to b^-} g(x) = +\infty$
Wertebereich	$\mathbb{W} = \mathbb{R}^+$	abhängig vom Wertebereich von $g(x)$
Symmetrie zum KOSY	keine	abhängig von der Symmetrie von $g(x)$
Nullstellen	keine, da $e^x > 0$ für alle $x \in \mathbb{D}$	keine, da $e^{g(x)} > 0$ für alle $x \in \mathbb{D}_g$
Ableitung	$f'(x) = e^x$	$f'(x) = e^{g(x)} \cdot g'(x)$
Monotonie	streng monoton steigend	abhängig vom Vorzeichen von $g'(x)$, da $e^{g(x)} > 0$
Stammfunktion	$F(x) = e^x + C$	im Allgemeinen vorgegeben
Umkehrfunktion	$f^{-1}(x) = \ln x$ mit $\mathbb{D}_{f^{-1}} = \mathbb{R}^+$ und $\mathbb{W}_{f^{-1}} = \mathbb{R}$	abhängig von $g(x)$

Spezielle Eigenschaften

- $e = 2{,}718\ldots$: **Euler'sche Zahl**
- Für die **Grundfunktion** gilt: $f(0) = e^0 = 1$ und $f'(0) = 1$
- Allgemein gilt: $e^{g(x)} = 1$ für $g(x) = 0$
- Das Lösen von Gleichungen mit e^x ermöglicht die **Umkehrfunktion ln x**. Es gilt:

$$e^x = a \;\Rightarrow\; \ln e^x = \ln a \;\Rightarrow\; x \cdot \underbrace{\ln e}_{=1} = \ln a \;\Rightarrow\; x = \ln a$$

- Da e^x schneller wächst als jede positive Potenz von x, gilt mit $r \in \mathbb{R}^+$:

$$\lim_{x \to +\infty} (e^x - x^r) = +\infty \qquad \lim_{x \to +\infty} \frac{x^r}{e^x} = 0$$

Beispielaufgabe

Gegeben ist die Funktion $f(x) = (2 - e^{-0{,}5x})^2$ mit $\mathbb{D} = \mathbb{R}$.

a) Geben Sie die Schnittpunkte der Funktion mit den Koordinatenachsen an.
b) Bestimmen Sie das Verhalten der Funktion für $x \to -\infty$ und $x \to +\infty$.
c) Bestimmen Sie Lage und Art des Extrempunkts und skizzieren Sie den Graphen G_f.

Lösung:

a) $f(x) = (2 - e^{-0{,}5x})^2 = 0 \;\Leftrightarrow\; 2 - e^{-0{,}5x} = 0 \;\Leftrightarrow\; e^{-0{,}5x} = 2 \;\Leftrightarrow\; -0{,}5x = \ln 2$

$\Rightarrow\; x = -2\ln 2 \approx -1{,}4$ ist doppelte Nullstelle $\Rightarrow$ Berührpunkt mit x-Achse: $(-2\ln 2 \,|\, 0)$

$f(0) = (2 - e^{-0{,}5 \cdot 0})^2 = (2 - e^0)^2 = (2-1)^2 = 1 \;\Rightarrow$ Schnittpunkt mit y-Achse: $(0\,|\,1)$

b) $\displaystyle\lim_{x \to -\infty} (2 - e^{-0{,}5x})^2 = (2 - e^{+\infty})^2 = (2 - \infty)^2 = +\infty$

$\displaystyle\lim_{x \to +\infty} (2 - e^{-0{,}5x})^2 = (2 - e^{-\infty})^2 = (2 - 0)^2 = 4 \;\Rightarrow$ waagrechte Asymptote $y = 4$

c) $f'(x) = 2 \cdot (2 - e^{-0{,}5x}) \cdot (-e^{-0{,}5x}) \cdot (-0{,}5) = e^{-0{,}5x} \cdot (2 - e^{-0{,}5x})$

$f'(x) = 0 \;\Rightarrow\; 2 - e^{-0{,}5x} = 0 \;\Rightarrow\; x = -2\ln 2$

Die **doppelte** Nullstelle $x = -2\ln 2 \approx -1{,}4$ ist somit die
einzige Extremstelle.

Bestimmung der Art mit dem Monotonieverhalten:

$f'(x) > 0$ für $x > -2\ln 2 \quad \Rightarrow \quad f(x)$ steigt in $]{-2\ln 2}; +\infty[$

$f'(x) < 0$ für $x < -2\ln 2 \quad \Rightarrow \quad f(x)$ fällt in $]{-\infty}; -2\ln 2[$

$\Rightarrow$ Die Funktion besitzt in $(-2\ln 2 \,|\, 0)$ einen Tiefpunkt.

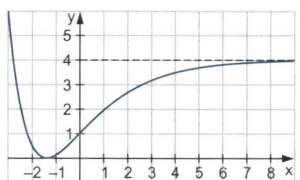

Worauf Sie achten sollten ...

- $e^{g(x)}$ ist für alle Werte von $x \in \mathbb{D}_g$ **größer als null**, also auch für negative Werte von $g(x)$.
- Beachten Sie (z. B. beim Berechnen von Funktionswerten), dass $e^{\ln x} = x$ gilt.
- Zum Lösen einer e-Gleichung müssen Sie auf beiden Seiten der Gleichung den **natürlichen Logarithmus** (ln) des jeweiligen Terms bilden und beachten: $\ln(e^x) = x$
- Beim Umformen helfen die **Rechenregeln für Potenzen**: Mit $x, y \in \mathbb{R}$ gilt:

$$e^{x+y} = e^x \cdot e^y \qquad e^{x-y} = \frac{e^x}{e^y} \qquad e^{x \cdot y} = (e^x)^y \qquad e^{-x} = \frac{1}{e^x}$$

- Vergessen Sie beim **Ableiten** insbesondere die **Kettenregel** (nachdifferenzieren) nicht!
- Die e-Funktion findet vor allem bei **Wachstums- und Zerfallsprozessen** Anwendung. Diese werden (bei unbegrenztem Wachstum bzw. Zerfall auf null) durch $f(t) = A \cdot e^{kt}$ beschrieben, wobei A der Anfangsbestand zum Zeitpunkt $t = 0$ und k der Wachstumsfaktor ist. Für $k > 0$ ergeben sich Wachstums- und für $k < 0$ Zerfallsprozesse.

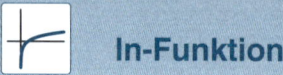

Der Graph der **natürlichen Logarithmusfunktion**

f(x) = ln x

verläuft nur im I. und IV. Quadranten und schneidet die
x-Achse bei 1.
Da **ln x** die **Umkehrfunktion von e^x** ist, ergibt sich der
Graph durch Spiegelung des Graphen von e^x an der
Geraden y = x.

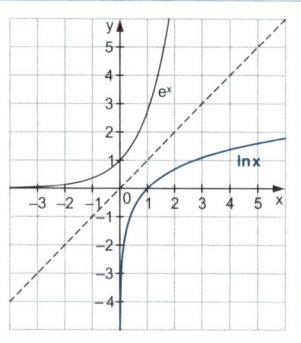

Merkspruch:
> **ln x wächst für x → +∞ langsamer als jede
> positive Potenz von x!**

Grundeigenschaften

	Grundfunktion	Funktion mit Verkettung
Funktion	$f(x) = \ln x$	$f(x) = \ln(g(x))$
Definitionsbereich	$\mathbb{D} = \mathbb{R}^+$	es muss gelten: $g(x) > 0$
Verhalten an den Rändern	$\lim\limits_{x \to 0^+} \ln x = -\infty$ $\lim\limits_{x \to +\infty} \ln x = +\infty$	abhängig vom Verhalten von $g(x)$ an den Rändern von $\mathbb{D}_f$: $\lim\limits_{x \to x_0} f(x) = \ln\left[\lim\limits_{x \to x_0} g(x)\right]$
waagrechte Asymptoten	keine	$y = \ln a$, falls $\lim\limits_{x \to +\infty} g(x) = a$ und/oder $\lim\limits_{x \to -\infty} g(x) = a$
senkrechte Asymptoten	$x = 0$ (y-Achse)	$x = b$, falls $\lim\limits_{x \to b^+} g(x) = 0$ und/oder $\lim\limits_{x \to b^-} g(x) = 0$
Wertebereich	$\mathbb{W} = \mathbb{R}$	abhängig vom Wertebereich von $g(x)$
Symmetrie zum KOSY	keine	abhängig der Symmetrie von $g(x)$
Nullstellen	$x = 1$	$f(x) = 0$ für $g(x) = 1$
Ableitung	$f'(x) = \frac{1}{x}$	$f'(x) = \frac{1}{g(x)} \cdot g'(x)$
Monotonie	streng monoton steigend	abhängig vom Vorzeichen von $g'(x)$, da $\frac{1}{g(x)} > 0$
Stammfunktion	$F(x) = -x + x \cdot \ln x + C$	im Allgemeinen vorgegeben
Umkehrfunktion	$f^{-1}(x) = e^x$ mit $\mathbb{D}_{f^{-1}} = \mathbb{R}$ und $\mathbb{W}_{f^{-1}} = \mathbb{R}^+$	abhängig von $g(x)$

Spezielle Eigenschaften

- Es gilt: $\ln(g(x)) = 0$ für $g(x) = 1$
- Das Lösen von Gleichungen mit $\ln x$ ermöglicht die **Umkehrfunktion e^x**. Es gilt:
  $$\ln x = a \quad \Rightarrow \quad e^{\ln x} = e^a \quad \Rightarrow \quad x = e^a$$
- Beim Umformen helfen die speziellen **Rechenregeln für Logarithmen**. Mit $x, y \in \mathbb{R}^+$ gilt:
  $$\ln(x \cdot y) = \ln x + \ln y \qquad \ln(x : y) = \ln \frac{x}{y} = \ln x - \ln y \qquad \ln(x^y) = y \cdot \ln x$$
- Da $\ln x$ langsamer wächst als jede positive Potenz von x, gilt mit $r \in \mathbb{R}^+$:
  $$\lim_{x \to +\infty} (x^r - \ln x) = +\infty \qquad \lim_{x \to +\infty} \frac{\ln x}{x^r} = 0$$

  Außerdem gilt:
  $$\lim_{x \to 0^+} (x^r \cdot \ln x) = 0$$

Beispielaufgabe

Gegeben ist die Funktion $f(x) = \dfrac{1 - \ln \frac{x}{4}}{\left(\ln \frac{x}{4}\right)^2}$.

a) Geben Sie die Definitionsmenge $\mathbb{D}_f$ an.
b) Berechnen Sie die Nullstelle der Funktion.
c) Bestimmen Sie das Verhalten der Funktion für $x \to 4^+$ und $x \to +\infty$.
d) Zeigen Sie, dass $F(x) = \dfrac{-x}{\ln x - \ln 4}$ eine Stammfunktion von f ist.

Lösung:

a) Damit das Argument des $\ln$ positiv ist, muss x positiv sein. Damit der Nenner nicht null wird, muss gelten:
$$\ln \frac{x}{4} \neq 0 \quad \Rightarrow \quad \frac{x}{4} \neq 1 \quad \Rightarrow \quad x \neq 4$$
Somit: $\mathbb{D}_f = \mathbb{R}^+ \setminus \{4\}$

b) $f(x) = \dfrac{1 - \ln \frac{x}{4}}{\left(\ln \frac{x}{4}\right)^2} = 0 \quad \Rightarrow \quad 1 - \ln \frac{x}{4} = 0 \quad \Rightarrow \quad \ln \frac{x}{4} = 1 \quad \Rightarrow \quad \frac{x}{4} = e^1 \quad \Rightarrow \quad x = 4e$

c) $\displaystyle \lim_{x \to 4^+} \frac{1 - \ln \frac{x}{4}}{\left(\ln \frac{x}{4}\right)^2} = \frac{1 - \ln 1^+}{(\ln 1^+)^2} = \frac{1 - 0^+}{(0^+)^2} = \frac{1}{0^+} = +\infty$

$\displaystyle \lim_{x \to +\infty} \frac{1 - \ln \frac{x}{4}}{\left(\ln \frac{x}{4}\right)^2} = \lim_{x \to +\infty} \left[\frac{1}{\left(\ln \frac{x}{4}\right)^2} - \frac{\ln \frac{x}{4}}{\left(\ln \frac{x}{4}\right)^2} \right] = \lim_{x \to +\infty} \left[\frac{1}{\left(\ln \frac{x}{4}\right)^2} - \frac{1}{\ln \frac{x}{4}} \right] = \frac{1}{(+\infty)^2} - \frac{1}{(+\infty)} = 0 - 0 = 0$

d) $F'(x) = \dfrac{-1 \cdot (\ln x - \ln 4) - (-x) \cdot \frac{1}{x}}{(\ln x - \ln 4)^2} = \dfrac{-\ln x + \ln 4 + 1}{(\ln x - \ln 4)^2} = \dfrac{1 - (\ln x - \ln 4)}{(\ln x - \ln 4)^2} = \dfrac{1 - \ln \frac{x}{4}}{\left(\ln \frac{x}{4}\right)^2} = f(x)$

Worauf Sie achten sollten ...

- Das **Argument** von $\ln$ muss **größer als null** sein.
- Beachten Sie z. B. beim Berechnen von Funktionswerten, dass $\ln(e^x) = x$ gilt.
- Zum Lösen einer $\ln$-Gleichung müssen Sie auf beiden Seiten der Gleichung den jeweiligen Term **als Exponenten von e** setzen und beachten: $e^{\ln x} = x$
- Vergessen Sie beim **Ableiten** insbesondere die **Kettenregel** (nachdifferenzieren) nicht!

1. **Binomische Formeln**

$$(a \pm b)^2 = a^2 \pm 2ab + b^2$$

$$a^2 - b^2 = (a+b)(a-b)$$

2. **Negativer Exponent**

$$a^{-n} = \frac{1}{a^n}$$

3. **Bruchzahlexponent**

$$a^{\frac{1}{n}} = \sqrt[n]{a} \qquad \sqrt[n]{a} \cdot \sqrt[n]{b} = \sqrt[n]{a \cdot b} \qquad \frac{\sqrt[n]{a}}{\sqrt[n]{b}} = \sqrt[n]{\frac{a}{b}}$$

4. **Quadratische Gleichung**

$$ax^2 + bx + c = 0 \;\Rightarrow\; x_{1/2} = \frac{-b \pm \sqrt{b^2 - 4ac}}{2a}$$

5. **Quadratische Gleichung**

$$x^2 + px + q = 0 \;\Rightarrow\; x_{1/2} = -\frac{p}{2} \pm \sqrt{\left(\frac{p}{2}\right)^2 - q}$$

6. **Quadratische Ungleichung**

$$x^2 > a \;\Rightarrow\; x > +\sqrt{a} \;\text{ oder }\; x < -\sqrt{a} \qquad \text{mit } a \geq 0$$

$$x^2 < a \;\Rightarrow\; -\sqrt{a} < x < +\sqrt{a} \qquad \text{mit } a \geq 0$$

$$ax^2 + bx + c > 0$$

[▶ S. 21, *Beispielaufgabe 1*]

$$ax^2 + bx + c < 0$$

7. **Senkrechte Geraden**

$$m_1 = -\frac{1}{m_2} \qquad m_1 \text{ und } m_2 \text{ sind die Geradensteigungen}$$

8. **Winkel Gerade/x-Achse**

$$\tan\alpha = m \qquad m \text{ ist die Geradensteigung}$$

9. **Limeswerte**

$$\lim_{x \to -\infty} \frac{a}{x} = 0^- \;\text{ und }\; \lim_{x \to +\infty} \frac{a}{x} = 0^+ \qquad \text{für } a \in \mathbb{R}^+$$

$$\lim_{x \to 0^-} \frac{a}{x} = -\infty \;\text{ und }\; \lim_{x \to 0^+} \frac{a}{x} = +\infty \qquad \text{für } a \in \mathbb{R}^+$$

10. **Ableitung der Grundfunktionen**

$$(x^r)' = r \cdot x^{r-1} \qquad r \in \mathbb{R}$$

$$(\sin x)' = \cos x$$

$$(\cos x)' = -\sin x$$

$$\left(\sqrt{x}\right)' = \frac{1}{2\sqrt{x}}$$

$$(e^x)' = e^x$$

$$(\ln x)' = \frac{1}{x}$$

11. **Summenregel**

$$[u(x) + v(x)]' = u'(x) + v'(x)$$

12. **Faktorregel**

$$[a \cdot u(x)]' = a \cdot u'(x)$$

13. Produktregel

$$[u(x) \cdot v(x)]' = u'(x) \cdot v(x) + u(x) \cdot v'(x)$$

14. Quotientenregel

$$\left[\frac{u(x)}{v(x)}\right]' = \frac{u'(x) \cdot v(x) - u(x) \cdot v'(x)}{[v(x)]^2}$$

15. Kettenregel

$$\left[u(v(x))\right]' = u'(v(x)) \cdot v'(x)$$

16. Stammfunktionen

$f(x) = x^n$ $F(x) = \frac{1}{n+1} x^{n+1} + C$ $n \in \mathbb{N}_0$

$f(x) = \sin x$ $F(x) = -\cos x + C$

$f(x) = \cos x$ $F(x) = \sin x + C$

$f(x) = \sqrt{x}$ $F(x) = \frac{2}{3} x \sqrt{x} + C$

$f(x) = e^x$ $F(x) = e^x + C$

$f(x) = \ln x$ $F(x) = -x + x \cdot \ln x + C$

$f(x) = \frac{1}{x}$ $F(x) = \ln |x| + C$

$f(x) = \frac{1}{x^n} = x^{-n}$ $F(x) = \frac{1}{-n+1} x^{-n+1} + C$ $n \in \mathbb{N}; n \neq 1$

$f(x) = \frac{v'(x)}{v(x)}$ $F(x) = \ln |v(x)| + C$

$f(x) = g(ax + b)$ $F(x) = \frac{1}{a} \cdot G(ax + b) + C$

17. Bestimmtes Integral

$$\int_a^b f(x)\, dx = F(b) - F(a)$$

$F(x)$ ist Stammfunktion von $f(x)$

18. Hauptsatz der Differenzial- und Integralrechnung (HDI)

$$I(x) = \int_a^x f(t)\, dt \quad \Rightarrow \quad I'(x) = f(x)$$

$F(x)$ ist Stammfunktion von $f(x) \quad \Rightarrow \quad F'(x) = f(x)$